U0312464

财富积累，乃，点滴运筹
财务自由，你，可以拥有

财务自由

开凿自动收入的“河流”

刘天敏 ◎ 著

图书在版编目（CIP）数据

财务自由：开凿自动收入的“河流”/刘天敏著. -- 北京：企业管理出版社，2018.12

ISBN 978-7-5164-1831-4

Ⅰ. ①财… Ⅱ. ①刘… Ⅲ. ①财务管理—通俗读物 Ⅳ. ① TS976.15-49

中国版本图书馆 CIP 数据核字 (2018) 第 259433 号

书　　名：财务自由：开凿自动收入的“河流”

作　　者：刘天敏

责任编辑：宋可力

书　　号：ISBN 978-7-5164-1831-4

出版发行：企业管理出版社

地　　址：北京市海淀区紫竹院南路17号　**邮编**：100048

网　　址：http://www.emph.cn

电　　话：编辑部（010）68416775　发行部（010）68701816

电子信箱：qygl002@sina.com

印　　刷：中煤（北京）印务有限公司

经　　销：新华书店

规　　格：710mm × 1000mm　1/16　16.5印张　207千字

版　　次：2018年12月第1版　2018年12月第1次印刷

定　　价：68.00元

目　录

第一章　为什么贫穷

第二章　你知道财富世界里的最大秘密吗

第一章

为什么贫穷

本章导读

第一节　你不能拥有财富的原因

第二节　你需要像他们那样好看吗

第三节　做自己的银行，首先支付自己 10%

第四节　你真的能区分资产、负债吗

第五节　自动盈利的事业

第六节　懂点经济学

第一节

你不能拥有财富的原因

社会学家早就发现，当一个概念没有被人描述出来的时候，即使它是客观存在的，人们也是无法理解它的。在财富领域，如果你想实现财务自由，首先需要掌握的最重要的概念是必须开凿出一条属于自己的自动收入“河流”。这个概念要多重要有多重要。我们常说方向比努力重要一万倍。没有这个概念，你就是无头苍蝇，即使整天辛苦忙碌也无法积累起财富；有了这个概念，你就有了方向，知道了努力的每一步都是实实在在的，终将踏上财务自由之路。

中产阶级

不可否认的是，社会发展至今，工薪阶层、中等收入阶层在全部人口中的占比是越来越大了。

在非现代社会，大体上分为3个阶层——富裕阶层、中等收入阶层和贫穷阶层。极少数富裕阶层过着锦衣玉食的生活，但广大的贫穷阶层连吃饭都是巨大的问题，而介于中间的中等收入阶层的占比非常低。整个社会呈现一个金字塔的形状（如图1-1所示）。在这样的社会，“中产阶级”这个概念实际上是不存在的。

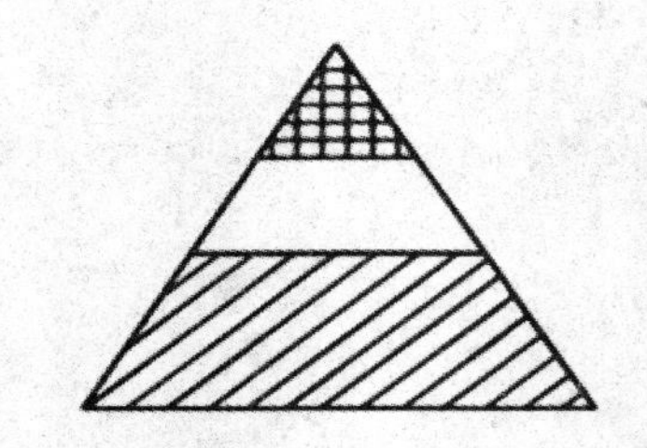

图1-1 “金字塔形”社会结构

工业革命之后，随着工业化、信息化、制度化的发展，社会中的中等收入阶层的数量逐渐增多。社会逐渐演化成一个中间大、两头小的橄榄形的结构，从而出现了人类历史上此前没有过的一个概念——中产阶级。中产阶级既不是富人，也算不上是穷人，正是他们和富人、穷人一起构成了一个社会的主体（如图1-2所示）。

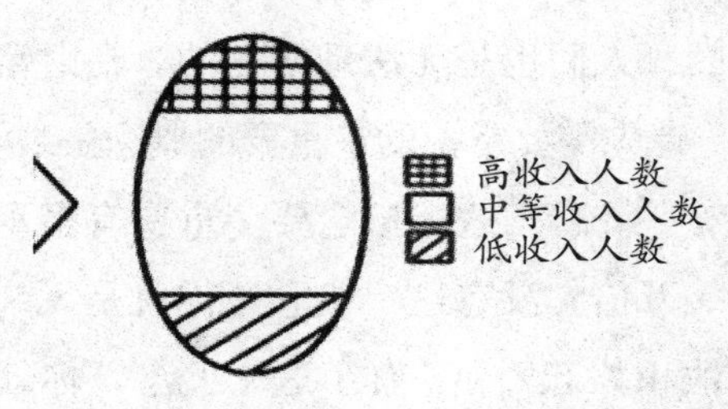

图1-2 “橄榄形”社会结构

中产阶级是整个社会生产的主力，也是消费的主力。所以，他们关乎社会整体经济形势的健康程度。一个富人的财富虽然是一个普通中产阶级的数十倍，乃至数千倍、数万倍。但是，他（她）一个人一天不可能喝1000瓶矿泉水或者去购买1000张沙发。社会是一个有机体，富人的财富确实有它的不可替代的重要作用。

即使仅从消费角度来看，富裕的中产阶级就能够提供强大的购买力，从而促进整个社会的经济蓬勃发展。

令人遗憾的是，绝大部分的中产阶级一生都在债务的泥潭里紧巴巴地过日子，终其一生也没能够积累起很多财富，从而也不可能享受因拥有大量财富而能拥有的自在心态。

魔咒般的中产阶级陷阱

我的好友小汪算是中产阶级。小汪拥有一份在外人看来不错的工作，工薪颇高，工作稳定；他的老婆工作也不错，人也很贤惠；他的孩子活泼可爱；他的母亲帮他带孩子，他的父亲仍然在外努力工作。

一天，小汪约我出来吃饭。我们挑了一个新开的饭馆吃饭、聊天。饭馆的装修很不错，菜品也不错，但小汪的心思全然不在这上面。我们坐定之后，一壶茶还没满上，只听小汪长叹一声，开口便说："压力大啊！"

"有什么压力，工作有变动吗？"我略带惊讶地问。

"工作没有什么变动。只是最近孩子感冒了，一个月也没见好转，已经花了不少钱了，现在还在咳嗽。"

"哦，严重吗，孩子还好吧？"我关切地问。

"嗯，倒不严重，只是断断续续感冒了一个月，经常跑医院看病、配药，现在花了不少钱了，感觉压力太大了。"

"你工资不是很高吗，怎么还这么紧张？你现在存了多少钱了？"

小汪挺起了身子，蜷曲手臂作伸懒腰状，左右晃了晃脑袋，也不作答。

"现在存了多少钱了？几万元总有吧？"我见小汪不作答，继续追问。

“没有啊，没存下钱。”

“怎么可能！你工资不低啊！毕业这么多年了，你怎么可能没存下钱？一年存5000元，到现在也有不少了啊！”

“不知道啊，我也不知道。”

“你的钱都花到哪里去了？”我对小汪很了解，他为人正直、朴实。他既不可能去赌博，也绝不会胡乱花钱。

“不知道，真不知道钱花在哪里去了。”

…………

类似上面的对话，我和无数的人进行过无数次。因为小汪是我的好友，我才更加感触深刻、印象深刻。要说懒惰，小汪自然不是这类人。早年的时候，为了省钱，他曾经骑着一辆大电瓶车赶到50公里外的郊区去上班，早出晚归，每天都是风里来雨里去。最近，他才换了辆二手的轿车。而且，他也不是一个不求上进的人，如果如此，他也不会约我出来吃饭了。小汪约我吃饭的目的正是让我给他一些建议。

小汪的故事绝不是孤例或者特例。事实上，他是绝大多数工薪阶层的典型代表。他们毕业之后就忙着工作，忙着生孩子，忙着抚养孩子，忙着赡养父母，忙着付房贷，忙着支付信用卡利息，总之，忙着支付各种开销。除了节假日，他们大部分时间都处于忙碌的状态。但是，多年之后，他们没有积累下什么存款，也没有工资以外的收入，有的只是越来越大的每月待支付账单。他们一刻不停地工作，工资是他们的唯一收入。因为他们知道：一旦停止工作，下个月的工资就没有着落了，但下个月的账单可不会停止。

“认真工作＋储蓄”的习惯怪圈

在上文案例中，像小汪一样的工薪阶层、中产阶级并不是懒汉，也不是不求上进者。不管是因为生活所迫，还是为了追求进步，总之，他们一年到头都非常忙碌。为什么如此勤劳一生，仍然无法获得财富呢？问题就在于他们对于财富的定义、理解、执行毫无概念，有的只是自己几乎先天的最初的模糊认知——有更多的收入，就会有更多的钱，就能摆脱自己的财务窘境。他们一直在无止无尽的“认真工作＋储蓄”的习惯怪圈里奔跑。他们的“收入”＝“劳动”，“支出账单”＝“只增不减”。为了应付不断需要支付并且还在持续增长的账单，他们就得不停地劳动。其实，建立在“劳动”基础之上的财务安全是脆弱的。一旦你停止劳动，你的收入也就停止了。那些被迫停止劳动的原因包括但不限于失业、疾病、受伤等。况且，通过劳动能够将收入提高的幅度是很有限的。一个人的工薪增长速度最快的时候，通常是二十六七岁的时候。一旦过了 35 岁，大部分人的工薪增长速度已经放缓了。

现在，你的工薪确实比你的父辈高了不少。只要工作几年的年轻人便可以贷款购买一辆崭新的小轿车，再奋斗几年便可以贷款购买一套梦想已久的住房。还有一些年轻人刚毕业便得到父辈们含辛茹苦多年所能提供的资助，买车、买房的进程就更加快了。传承实物的财富是简单的，他们只要付钱或者转账便可以得到。问题的关键是：在他们大脑里面形成有没有财富的含义。没有对财富的正确理解，会导致这些年轻人在人生的后半程逐渐步入中产阶级陷阱：你的收入会停止增长，而需要支付的账单却不断增加。这最终会导致无以言表的生活压力，甚至是生存压力。

上文案例中的小汪是我的好友兼同学。他曾经是一个快乐的人，在读书的时候，以及刚毕业参加工作的时候，他的脸上永远挂着笑容。那是一段不需要承担生活重担的时间，也是一段似乎永远充满希望的岁月。那个时候，他总是说：“要努力干一番事业。”随着年岁的增长，挂在他脸上的笑容越来越少了。直至最近的一次见面，我已经很难看到他的笑容了。认真思索一下，其实小汪并没有改变，变的只是他生存的环境。他从最开始不需要负担生活成本，变成需要负担自己一个人的生活成本。然后，再变成需要负担夫妻双方的生活成本。不久，他们的孩子诞生了，他需要负担3个人的生活成本了。再之后，他的父母以及岳父岳母也先后退休了，他需要负担的生活成本更加多了。即使他再怎么降低生活质量，也很难改变这个局面。如果这时候他再由于被公司解雇或有了疾病或因受伤等原因而不能工作了，后果可想而知。所以，小汪只有更加努力地工作，他害怕领导因一点不满意而让自己丢掉了“饭碗”，他甚至连感冒都没有时间。但是，最终却证明这是徒劳。他到了退休的年龄而退休，却仍然和他的父母一样，并没有留下什么存款和财产。

这难道是宿命吗？难道所有的中产阶级都必须如此吗？

答案显然是否定的。在现代这样一个互联互通的世界，整个地球都是连在一起的。并不存在某个地方正确的方法，到另外一个地方就证明是错误的、行不通的。事实上，好的方法，尤其是思想，都是通用的。

普通人积累财富的典例

一个经典的案例广为人知，这是住在一个小镇上的一位小学教师的故事。小学教师的名字叫玛格丽特·欧唐奈。这位女士做了五十多年的老师，在她70岁退休时，年薪为8500美元。当她100岁去世时，却给多个慈善机构留下了总共200万美元的捐赠善款。一个退休时年薪才8500美元的女人怎么可能拥有这样一大笔财富呢？答案其实没有那么神秘和复杂，玛格丽特坚持每月定期投资股票，然后让它们长期复利增长。她开凿了一条自己的自动收入“河流”。她不像大多数投资股票的人那样，每天看几次股价，隔几天交易一次。她很少去碰她的投资，任凭她的自动收入“河流”年复一年地增长。你一定能想到：在这么长的时间里，她肯定遇到过不少次股灾、熊市，但玛格丽特并不在意这些，她仍然每月定期投入资金到自己的“河流”里。

如果你以为玛格丽特是热衷于收集购物打折券、连用过的自来水都要收集下来的话，那你就错了。她常与朋友到外面去吃饭，开的是一部最新款的别克车，还经常乘飞机到欧洲去度长假。她从不拒绝过舒适的生活，但她在花费上却很自律和节制。每个月，她都有存款和投资，即使在她退休以后也是如此。

上文故事中的玛格丽特是长期坚持挖掘自己自动收入“河流”的典型例子。她二十多岁时就开始存钱和投资，一直坚持到她 100 岁去世时。这让她在年薪那么低的情况下，却能够在去世时留下 200 万美元的捐赠善款。

我知道有的读者肯定会有疑问：美国的股票比中国的股票好吗？每个月存那么点投资能产生这么多的财富吗？存了这么多钱到死也没花掉有什么意义呢？

关于这些疑问，当你用心地、仔细地阅读过本书之后就不会有了。正是人们对于这些问题看法的不同，才导致了财富分配的巨大差异。换句话说，你的财务窘境正是因为你对这些问题持否定看法。那么，你是准备改变对这些问题的“看法”，还是准备让持续的财务窘境改变你呢？

你是否拥有一条属于自己的自动收入“河流”

现在，你可以审视一下自己了。你是否拥有一条自动收入“河流”，当你停止工作的时候，源源不断地将收益存入你的银行账户？大部分人不仅没有拥有这样一条“河流”，他们连这个概念都不知道。工薪阶层往往把自己的财务安全建立在能拥有一份稳定的工作上，企业主们往往把自己的财务安全建立在努力将生意维持运转下去上。那么，当失业潮来临，或者全球经济下行，或者你受伤了或有疾病了，或者其他变动发生的时候，这些所谓的保障、安全都会被证明是虚弱的、无力的。要知道，你的保障和财务安全来自于，也仅来自于你自己开凿出的属于你自己的自动收入“河流”。

避免自然而然地步入中产阶级陷阱，期望踏上财务安全乃至财务自由的你，必须要开始动手开凿自己的自动收入“河流”。

不用心慌，让我们一起踏上开凿自己的自动收入“河流”之路吧！

第二节

你需要像他们那样好看吗

不做裸泳者

詹姆士是一个普通的蓝领工人。数十年来，他都在努力工作，积极生活。在他退休那年，他已经积攒了一大笔财富。现在，他准备实现他的梦想了。他买了全套的潜水装备，坐着头等舱去南太平洋潜水。风和日丽的大洋，海水清澈见底。绚丽多彩的珊瑚礁，五光十色的热带鱼，所有的一切，都让詹姆士开心极了。他的节制和自律有了回报。

“等待是值得的”，詹姆士对自己说，“这真是太棒了！”

就在詹姆士兴奋地享受自己多年来梦寐以求的场景时，詹姆士突然在他下面几米的地方发现了他之前街区的一个邻居——格雷姆。

“格雷姆怎么在这？他怎么能够有钱到南太平洋海底来潜水？”詹姆士嘀咕着。也难怪，因为格雷姆是当地出了名的破落户。

和詹姆士价值不菲的全副武装不同的是，格雷姆只穿了个短裤在海里，连潜水眼镜都没戴。

“这太不公平了！我努力工作，等了这么久，来实现自己的梦想。他整天不务正业，竟然也能够过来享受！”詹姆士气急了。

这时，只见格雷姆在水里连拍带打，一会儿冲出水面，一会儿潜入海底，翻来覆去。在他终于勉强冲出海水的刹那，他对着詹姆士喊道：“快来救我！我快要淹死了！”

这就是裸泳者。当詹姆士愤愤不平地认为格雷姆在水里自由自在地遨游时，真实的情况是他快要淹死了。事实往往不像我们所直观看到的那样。同样，在财富的世界里，也存在着大量的裸泳者，当他们戴着名牌手表、开着豪车，在人们面前表现得很好看时，人们不知道的是，他们快要淹死在债务的海洋里了。

真正的百万富翁和人们想象的是不同的。那些表现得富裕的人，并不一定是真正的富裕。《邻家的百万富翁》的作者托马斯·J·斯坦利和威廉·D·丹科所做的调查清楚地显示，绝大部分的百万富翁都驾驶美国产的汽车（选择最多的品牌是福特）；少数人选择进口汽车；极少数的人才会购买进口的豪华汽车（奔驰、宝马等）。他们的调查还显示，百万富翁的住宅通常并不位于富人区。他们的调查显示，那些开名车、住豪宅的人，在很大的比例上都没有积累起太多的财富。答案很简单，因为他们的开销太大了。他们赚的钱，减去支出，最终所剩无几。他们没有在自己还能够身体力行赚钱的时候建立自己的自动收入“河流”。当失业潮、经济下行或者其他变动来临的时候，他们裸泳者的身份就露出了原形。

如果你认为这是美国的调查，和中国的关系不大，就又陷入了想当然地排斥的心理怪圈了。事实上，好的方法和坏的方法都是一致的。各国富裕的人的相似程度远比和他们本国的穷亲戚相似程度大得多。如果你想改变，就必须改变自己的脑袋。节制自己的花销，开始开凿自己的自动收入“河流”。

表现型人格

人群中的大多数都属于表现型人格。他们希望自己此时此刻表现得好看些。通常为了此时此刻表现得足够好看，他们的动作很难不会走形。虽然每次都需要使出全身力气尽量表现得足够好看，但随着年月增长，他们越来越感到力不从心。

小汪在十几岁的时候，为了在人前表现出自己个子高，把本该买晚饭的钱拿去购买增高鞋。刚开始的时候，大家都没有发觉，还会经常夸他“你真棒，这么高”“真厉害”。可是，周围的人并没有停止长高。随着时间一天天过去，周围的人越来越高。于是，小汪把本该买午饭的钱也拿去购买增高鞋，这样他午饭、晚饭都只能饿肚子了。在该长身体的时候，却把钱拿去买增高鞋显然不是一个明智的办法。但是，一心只想表现好看的小汪顾不了这么多。他只要此时此刻好看就足够了。终于在一次体育课上，老师要求所有同学都练习立定跳远时，小汪出了大洋相——他把他的增高鞋踢飞了。所有人都知道了真相。从此，小汪再也不穿增高鞋了。但是，最佳长身体的时间无法再回来，小汪的身高因为他想“此时此刻表现得好看”，永远也上不去了。

小汪不是特例。那些嘲笑小汪的人，在以后的人生道路上，也会做另外一个小汪。

我们的生活中从来不缺小汪。他们总是希望此时此刻表现得好看。问题的关键是，这并不是属于你的好看，而且这会损害你长期的成长——开凿自己的自动收入“河流”。最终让你难看。但是，“现时的好看”是多么诱惑人心，就如同一把精致的刷子不断扰动自己的内心，让自己不能平歇。即使忍了再忍，最终还是要表现一回，以后难看也无关痛痒了。不信你看：在公司年会上不少人会穿名牌，所以，自己一定要去买一套名牌礼服；因为大家都买车了，所以，自己一定要去购买一台崭新轿车；只因为别人一句“怎么还在用旧手机”，就连忙去网购一台最新款爆品；因为办公室的人经常讨论美容，所以，自己明知无用，也一定要凑合着去购买一张美容年卡；大家都在讨论换新房、换别墅，所以，自己也跟着讨论，然后，东拼西凑地总算攒足了首付去买了一套大房……

表现型人格的最大问题在于他们因为总是急着表现，而忽视了自己的成长、影响了自己的成长——开凿自己的自动收入“河流”。没有什么比持续不断地开凿自己的自动收入“河流”更为重要的了。但是，一次次的急于在现时现刻表现出来的欲望，却一次次地打断开凿这条“河流”的进度。他们把本该用于开凿这条“河流”的时间、资金都花费在了现时现刻的表现上了。这最终使他们放弃了开凿自动收入“河流”，从而彻底沦为只能靠出卖自己的时间和体力赚钱的人。故事的后半段，谁都能猜到，期望现时现刻表现得好看的人，最终只会非常难看。

进取型人格

和表现型人格相对的是人群中少数的进取型人格。请你回想一下，你是不是也遇到过几个这样的人：他们对于现时现刻表现得足够好看毫无兴趣。他们总是在不断学习、进步，提高自己。最为重要的是，他们中的有些人总能知道开凿自己的自动收入“河流”的重要性。他们把节省下的时间、金钱全部投入开凿自己的自动收入“河流”上。他们并不会荒废自己的本职工作，事实上，他们的本职工作通常做得比谁都好。但他们更加知道开凿自动收入“河流”的重要性。他们知道复利的力量。所以，他们迫不及待地开始建设，因为他们知道越早开始，复利的力量将会越发强大。对于平滑得像直线一般的前期复利曲线，他们毫不在意。他们是有足够的耐心的一群人，他们知道自己的建设终将获得巨大的回报。当然，他们不是裸泳者，他们不会兴高采烈地拿着小报四处分发，热烈宣布自己的自动收入“河流”越发宽广了。不，他们永远不会做这件事。正因为如此，众人才不会发觉自己和他们有什么不同。但随着时间的推移，他们和别人的差距，即使他们没有任何表现，众人也可以明确而直观地感受出来。因为这种差距已经不是靠“表现”可以弥补的了。

活在你的收入之下

不要活在你的收入之中，更不要活在你的收入之上。你应该活在你的收入之下，而且是最下面。这样，你才会有更多的时间、金钱去开凿你的自动收入“河流”，而你的自动收入“河流”也会加倍回报你。有点耐心吧，当你的“河流”足够宽广时，即使你仍然活在你的收入之下，甚至是最下面，也远比大部分活在他们收入之上的人要富裕得多。

当自动收入“河流”足够宽广时，你的“工资 +‘河流’收入”将会是没有自动收入“河流”人的数倍还多。这时，即使你仍然活在你的收入之下，仍然比活在他们收入之上的人过得好。

坚持活在你的收入之下，并且不要忘了开凿自己的自动收入“河流”（如图 1–3、图 1–4 所示），你终将因为自动收入的不断上涨而过上更好的生活。

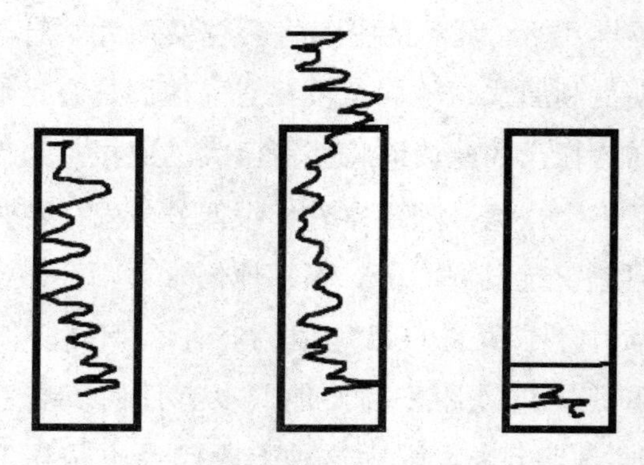

图 1-3　3 种形式的自动收入“河流”

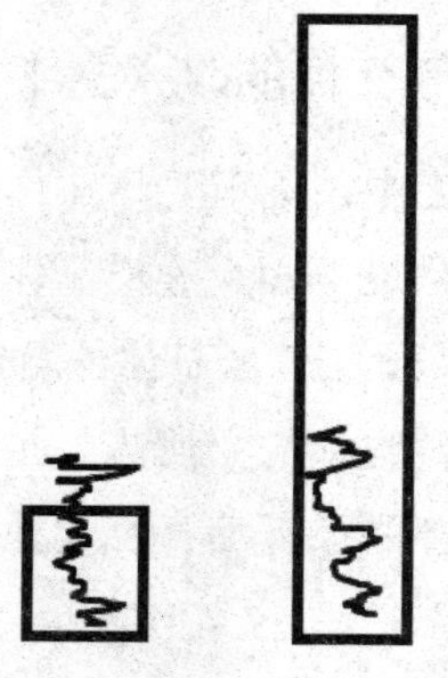

图 1-4　两种形式的自动收入“河流”

不要踮着脚消费

当你消费一件商品时，如果你是踮着脚消费，那证明它不适合你，它不是你这个收入阶段应该购买的。你购买的消费品必须是自己毫不在意、抬手就能消费的。

当你想购买一台新款手机、一套昂贵的国外化妆品、一辆豪华汽车，必须保证它们的价格在你的消费范围之内，必须要保证并不是踮着脚去消费它们。一个很简单的判断标准就是你对它们不在乎！如果你苦思冥想、瞻前顾后才做了购买的决定，得到之后又宠爱万分，那多半已经证明你是在踮着脚消费了。

踮着脚消费的最大问题在于你提前透支了你的消费能力，而让你没有足够的金钱投入到自动收入“河流”的挖掘上。对的，你的自动收入“河流”才是你的生命线。当你的总收入提高的时候，即使是你的日常消费，也可以比他人踮着脚的消费高得多。

耐心的重要性

在财富领域，我们最重要的朋友便是时间。通过时间的流动，复利日夜不停地工作，我们的自动收入“河流”就会越来越宽广。自动收入“河流”不需要我们的劳动，它只需要时间。所以，耐心是极为重要的，你必须要有足够的耐心，不断地挖掘自己的自动收入“河流”。

就像前文案例中詹姆士所说的：“等待是值得的，这真是太棒了！”如果你没有足够的耐心，你将无法体会到自动收入“河流”宽广之后的喜悦和平静。拥有耐心的你终将拥有宽广的自动收入“河流”，这时的你即使停下工作，你的“河流”也将源源不断地将收益存入你的银行账户。令人遗憾的是，绝大部分人很难有这个耐心。他们缺乏耐心到什么程度呢？不说 1 年、10 年、50 年，单单是明天早上，他们也无法等待。他们需要即时的、明确的正向反馈。对，你知道的，人类训练杂耍动物采用的就是即时而明确的反馈。他们适合赌博，而不是长期挖掘自己的自动收入“河流”。因为赌博能够给他们即时的反馈：马上下注，马上就知道结果。这就是他们想要的。他们不想有任何等待。对于学习知识，他们也是如此。他们总是说：“你必须要告诉我这个知识，哪一天、什么时候、哪件事情有用，我才会去学习。”他们对于开凿自己的自动收入“河流”这种至关重要的概念全然不能理解。或者即使当时听懂了，他们也不会采取任何行动。因为他们缺乏耐心。他们的生命只生活在现时现刻。

耐心，并不是源于自我克制，而是源于对事物概念的理性而正确的理解。如果你理解了开凿自动收入“河流”的概念，知道了他是你避免步入中产阶级收入陷阱、实现有意义的财富人生的唯一办法。那么，你的耐心就会自然而然地产生。无须任何克制和提醒，因为这是源于你内心的向往。

第三节

做自己的银行，首先支付自己10%

德努克和哈迪斯的故事

在一个遥远的繁荣富庶的国家，有两位同岁的土生土长的居民，一个叫德努克，一个叫哈迪斯，两人同岁。他们从小便是好友，两个人都胸怀梦想，希望通过自己的努力，成为一个拥有巨大财富的人。在他们18岁那年，德努克成了铁匠，哈迪斯成了面包商。他们都非常勤奋，德努克每天黎明时分便起床烧水、烧柴，在铁匠铺里敲得叮当响；哈迪斯也早早起身和面，热炉子，烤出全城第一摞香喷喷的面包。他们对未来充满向往，他们坚定地认为，只要自己勤奋工作，就能获得梦想中的巨大财富。他们的生意看起来都在蒸蒸日上。

一天中午，太阳火辣，空气十分干燥，德努克来到哈迪斯的面包店。哈迪斯看到老友来了，十分高兴，连忙给他盛了碗清水润润嗓子。

德努克说：“亲爱的哈迪斯，客人在我这里定了一批铁器。但我的铁料不够多，我现在要去进购一批铁料，手里的金币却所剩无几。你能否借我 30 个金币？”

哈迪斯处理好了手中的面包，坐了下来，对德努克说：“亲爱的德努克，如果我有 30 个金币，我就不会去向放贷者蒂歌斯借款了。我在他那里借了 70 个金币，每个月都要支付给蒂歌斯 1 个金币的利息。”

德努克惊讶地说：“啊！你的金币也不够用吗？”

哈迪斯说：“是的。你看我的面包店后面新盖了一间专门烤面包的房子，还打造了更大的烤面包锅炉。如果你确实需要，可以去放贷者蒂歌斯那里借一点。他会收取一点利息。但等你赚到了钱，再还给他，对你来说这也是不错的。”

于是，德努克来到了放贷者蒂歌斯那里，在他那里借到了 30 个金币，每两个月德努克需要支付给蒂歌斯 1 个金币的利息。

岁月如梭，城市仍然繁荣，街边的热闹景象和往常没有什么不同。但是，德努克和哈迪斯都不再是 18 岁的小伙子了，现在他们有儿有女，已经步入了中年。这一天，他们在卖羊肉的铺子前遇见。岁月的变迁从来没有抹平他们的友谊，他们相约去附近的饭馆饱餐一顿。

“我亲爱的德努克，你最近可好？”坐下后，哈迪斯说。

“铁匠铺的生意还可以，我也积攒了一大笔金币。现在看着儿女都成家立业，我和妻子都很开心。等到我干不动铁匠活儿的那天，我就不用再干了。一大笔金币所带来的收益足够支付我和妻子退休后的生活了。”德努克笑着说。

“你可真厉害。我每月忙着支付放贷者蒂歌斯的利息，其他放贷者的利息，还有小麦商的货款，忙得焦头烂额。只是最近两年才逐渐把放贷者的本金和利息全部支付完了。据我所知，我们的收入差不多。你怎么能积攒了这么一大笔财富呢？”哈迪斯在佩服德努克的同时，也非常不解：为什么自己和德努克的收入差不多，他却能积攒这么多的金币。

“还记得那一年你推荐我去放贷者蒂歌斯那里借金币吧。当我两个月后第一次还给他 1 个金币利息的时候，我发现这个支付利息的压力是那么的直接、迫切。以至于似乎让我戴上了锁链一般。我想，与其支付利息给蒂歌斯，还不如支付给我自己呢！”

“你在说什么，德努克。难道你想赖账，不还给放贷者款了不成？这是完全行不通的！”哈迪斯更加不能理解了，他激动得几乎要从椅子上站了起来。

“不，不。我亲爱的哈迪斯。我仍然会尽力准时还款给蒂歌斯，我也仍然会尽力准时支付货款给其他人。我知道信用的重要性。但我坚持首先支付自己的。每个月的收入，我都做到首先支付给自己 1 个金币。我要做自己的银行！

“有的月份这很容易，因为有的月份我能赚不少金币；有的月份就很困难了。最困难的时候，等我支付给我自己 1 个金币之后，我身上就没有半个子了。但我仍然坚持首先支付自己。你很容易想到，这时候我就没有多余的金币支付给蒂歌斯和其他需要我支付金币的人了，所以，我会马上去和他们沟通清楚：我不会不还他们金币。等下个月或者下下个月有富余的时候，我就会立马支付给他们。

“事实上，我也比他们大多数的客户都要守信，最后他们放贷给我的钱，我都一分利息不少地还给了他们。如果我需要的话，他们也都非常乐意再次借金币给我。

“在那个时候，等我支付给自己 1 个金币之后，我们家庭的开支就成了问题。所以，等白天的铁匠铺生意打烊之后，我就在晚上去城市的下水道做清理工作，幸运的是，这支撑了我们家庭的开销。

“每个月，不管发生什么，我都会存下1个金币。直到现在，我仍然坚持每个月不断地存入。现在，这已经是很大的一笔财富了。如果我需要使用的话，它每个月生出来的利息也足够我和我的妻子几年的开销了。”

…………

首先支付给自己

德努克和哈迪斯的故事每天都在我们周围上演。就是有那么大的明显的差异，在原本并无区别的同一起跑线上随着时间的流逝逐渐形成，以至于到最后这个差异大到连当事人都感到惊骇的程度。

在概念上，已经阅读过之前章节的你懂得了为什么我们一定要开凿自己的自动收入“河流”，为什么我们一定要拥有自己的自动收入“河流”。那么，在具体操作上，我们如何去开凿呢？“首先支付给自己”是开凿你的自动收入“河流”的第一步。

“首先支付给自己”是你的自动收入“河流”的第一桶水，接下去因为你持续地投入、照料，你的“河流”将会慢慢变宽。但是，就像古人所说的“九层之台，起于累土；千里之行，始于足下”，你必须要迈出行动的第一步，才能够到达彼岸。如果连第一步都不能迈出的人，是没有任何资格享有巨大财富所带来的回报的。他们期待的大概是：睡上一觉，然后第二天早上睁开眼便拥有了宽广的自动收入“河流”。我想这是任何人都不会拒绝的。懒惰、缺乏行动虽然不是贫穷的首要原因，但一定是贫穷的直接原因之一。没有人有义务拿着皮鞭跟在你的身后，逼迫你“首先支付给自己”。作为成年人的标志之一，就是需要我们对自己的行为负责。播撒南瓜的种子，却希冀结出一田的西瓜，显然不是一个明智的人所能做出来的事情。但在财富领域，我们看到发生过多少如此南辕北辙、张冠李戴的事情？

不能够做到“首先支付给自己”，却仍然期望开凿一条自动收入“河流”，这难道不是幻想吗？幻想和理想的区别，正在于是否采取实质的、符合逻辑的行动。永远不要做那个倒头睡大觉的人，因为历史上这种人从来不会有什么让人欣慰的结果。

面对自己的财务窘境而怨天尤人，除了让自己的心情一团糟之外，不能对你的生活产生任何实质的帮助。你希望得到情感上的发泄，还是实质上的改变？如果你希望的是前者，那么，你就任随自己的情绪带动自己的行为，尽情挥洒自己的本能所带来的快感就行了。问题的关键是，你终将要面对现实的社会，一时的发泄和逃避并不能够让你逃脱现实社会对你的要求。等你真正面对的时候，这个要求往往只会更加严厉。如果你希望的是后者，那么恭喜你，虽然现实往往是残酷的，但至少你做出了正确的判断，有了正确的认识。即使痛，也是在正确的选择下的痛。当你了解到开凿自己的自动收入“河流”这个概念，你还知道前途是有希望的。无论早晚，你现在就要采取行动。如果你现在刚刚步入大学，那么，现在就已经知道需要开凿自己的自动收入“河流”这个概念的你，将会比同龄人有目标和方向。如果你现在已经人到中年，你更应该感到庆幸，因为你难道准备一辈子无视这个概念而单纯地为了生计不断出卖自己的体力吗？所以，年龄不是问题，关键是你现在知道了这个概念必须要采取行动。你必须要“首先支付给自己”，这是开凿你的自动收入“河流”的第一步。

做自己的银行

德努克说：“我要做自己的银行！”是的，德努克的这个判断是完全正确的，因为当你首先支付给自己的时候，你就成了你自己的银行。

首先，你必须每月都要“还贷”：你必须要拿出一部分的收入支付给自己。这就相当于支付给了银行。再次，你把支付的金额投入到自己的资金池，不管你在睡觉还是吃饭，它都在日夜不停地给你带来利润。这不就相当于你自己开了家银行吗？

现在的很多人都有房贷、车贷。即使财务十分紧张的时候，也很少有人会耽误支付它们。道理很简单，人们早就没有把这部分金额算在自己的收入预算之内了。

比如，小汪曾经月收入8000元。他的房贷当时的总额是每月3800元。那么，小汪不认为自己的收入是8000元，实际上在他的大脑里面，自己的收入是8000−3800=4200元。这才是他自己真正的收入。小汪每月的预算不可能超过4200元，他更不可能傻到认为自己的月收入预算真的就是8000元。所以，小汪所有的消费都会在4200元的月预算之内进行。即使有些情况下，小汪产生了大的临时性支出，他也绝不可能停止支付每月的房贷。他会去向能够借钱给自己的亲友借款度过这段时期。小汪认为这是理所当然的，小汪的同事、朋友们也自然认为这是毫无疑问的、恰当合理的。

多年之后，小汪的房贷总算还清了。这么多年持续还贷的结果，就是小汪真的拥有了一套自己的房子。小汪感叹道：“哎！房贷虽然有利息，但还是有收获的啊，竟然给我攒了这么一大笔钱下来。如果没有房贷的限制，估计这部分钱我也不知道都花到哪里去了。”

硬性的每月还贷逼迫着一个即使再没有自控力的人也要完成的每月任务。那么，何不我们开家自己的银行，首先支付给自己，不仅没有利息的损耗，更能给自己带来利润呢！

有了这个观念，每月首先支付给自己，就是一个硬性的标准。你必须要规定一个数额，每月一定要存入自己的“银行账户”。这时，你的自动收入“河流”的开凿工作就真正的开始起步了。

10%带来大改变

你每个月规定多少金额存入自己的银行账户是合适的呢？答案是你每个月必须要存入10%的收入。如果你是一位工薪阶层，那么，你需要存入自己每个月工薪的10%；如果你是一位企业主，那么，你需要存入每月利润的10%。

我们需要单独开立一个账户，这个账户里只存入自己的10%存款。不要小看这一点，这对于刚刚启动“10%计划”的我们是非常重要的。这可以避免我们的10%存款和我们的其他存款混淆，到后来产生混乱不堪从而无法坚持的局面。另外一个方面，当你看着这确定属于自己的10%存款不断增长，你自己的心态也会发生积极的变化，你将更乐意坚持执行“10%计划”；在面对工作和生活中的困难的时候，你也将会更加坚韧，因为你知道你不是孤独的、脆弱的、容易打败的，你有你的“河流”在你身后。

企业主需要注意的是，很多时候你往往并不知道自己每月具体的利润是多少，因为详细计算这个金额是一件耗时费力的事。但如果因为这个原因就拒绝执行“10%计划”，你失去的可能比你一辈子身体力行做生意所赚的钱还要多的财富。记住，自动收入“河流”才是你的生命线。生意会有变动甚至停止，但你的“河流”将源源不断地将收益存入你的银行账户，即使在你睡觉或者面对生意困境的时候。所以，你必须每个月把自己利润的10%存入到你的单独“河流”账户。即使你难以计算出具体的利润，也要预估一个较大的数字来执行存入计划。如果当月出现了亏损，也不能停止存入“河流”之中的举动，你仍然要选择一个合适的数值存入进去。

为什么是10%呢？因为心理学家和经济学家早就做过了调查，一个人丧失了自己收入的10%，完全不会影响到自己的生活水平。少了这10%的收入，对你的影响是微乎其微的。试想一下，你的每月收入，它的10%是多少？少了这部分，会影响到你的生活吗？所以，这是你完全可以执行的一个数值标准，它不会对你的生活水准产生影响，同时会给你积累一大笔财富。

10%是不是太少了

10%是不是太少了？你要知道，这是开始挖掘你自己的自动收入“河流”有意义的一步，你的“河流”本身也会在复利的作用下增长，所以，不要单纯用加法得出10%很小的结论。难道你忘记了玛格丽特女士的经典事例了吗？

其次，你要知道一个概念，这10%的收入是需要存入你自己的独立账户的——这是你自己的银行——也就意味着你自己在以后的岁月里是无法动用这笔资金的。这可不是普通意义的存款。普通的存款只是临时的存储，当你需要支付账单的时候，可以立马调用。你当然可以在力所能及的情况下增加更多的存款。但那和10%计划毫无关系。10%存款不是你的，这是你自己银行的款项。你不要轻易动用这10%存款。

区别普通存款和10%存款是非常重要的。任何时候都不要把两者混为一谈。记住，10%存款是你自己银行的钱，不是你个人的钱，你是不能调用它来供你开销的。所以，当你可以积累更多存款的时候，这当然是一件好事情。事实上这也是你应该做的。生活是有成本的，你每月也都需要支付各类账单。你不应该、也不可能做一个没有存款来应付生活成本的人。但永远不要把普通存款和10%存款在概念上混在一起。你可以有你的普通存款，用于支付你今后买电视、买车、买房子，但10%存款是你永远没法动用的你自己家银行的钱！

太多的人对自己的储蓄抱有随意的态度。他们因为一时的兴起而消费掉自己多年有意义的积蓄。比如商店里推出了最近销售火爆的化妆品保养套装，而且一直不肯降价的品牌竟然打起了折扣。这简直太划算了。于是，你看了看自己的银行卡余额，购买这套化妆品简直太轻松了，所以，就支付了吧……消费当然是无可厚非的，但如果没有区分普通存款和 10% 存款，从而导致稀里糊涂地动用了自己的 10% 存款，那是永远无法开凿成功自己的自动收入“河流”的。

第四节

你真的能区分资产、负债吗

在每一个知识领域，都有一些非常重要的基础性的概念。比如在几何学里的欧几里得五大公设；经济学里的效用和边际效用；天文学里的光速和光年……不理解这些概念，就没法掌握这门学问。同样，在财富知识领域，"资产"和"负债"也是一对基础性的概念。我们很难想象一个对资产和负债没有清晰认识的人能够一路创造、积累财富。

在财富领域，如果你不能快速区分资产和负债，你很难在遇到选择的时候做出正确的判断。通过先前的阅读，你应该知道了对一个概念的准确、正确的理解是多么的重要。没有对一个概念的准确、正确的理解，你对它就只有模糊的认知，而这是完全不能指导你做出正确选择的。生活本身就充满了选择，从你早上选择几点起床，到你中午选择吃什么。生活中的选择无处不在。正是这些细小的选择才强有力地塑造了人们所拥有的财富的巨大分水岭。

现金流才是区分资产、负债的关键

“资产、负债”貌似是我们经常用到、听到、读到的词汇。但对它们有准确、正确理解的人少之又少。即使是财会科班毕业的学生，能对它们有正确认知的比例也不会比未接受过专业财务训练的普通人高。因为在财富领域，拥有的财富知识并不等同于财务知识，更不等同于会计知识。所以，这里我们需要给出资产和负债在财富领域的准确定义。

能够给你带来现金流的就是资产。

让你的现金流流出的就是负债。

我想当我给出这个定义的时候，会计专业的人士一定要从自己的座位上跳起来了。因为这完全不符合财务专业对于资产和负债的定义。可是，你有没有想过，会计这门学问事实上是用于企业经营管理的。会计专业对于资产和负债的定义，也是用于企业经营管理的。如果你把它用在对于自己创造财富的用途上，那完全是张冠李戴了。会计知识≠财富知识。不然的话，中国上千万的会计从业者至少应该有相当多的人实现了财务自由，但事实完全不是这个情况。现金流才是我们在区分资产和负债时应该要注意的。

富人购买资产，穷人购买负债。这正是因为穷人对资产、负债没有正确的认知。他们往往把一项负债误认为是一项资产，或者把一项资产误认为是一项负债。而且，他们没有认识到，随着日积月累，由于对资产、负债的模糊认知，会对自己的财务状况产生多么重大的影响。金钱和时间是最好的朋友，任何细微的差别都会在复利的作用下放大，从而产生巨大的差异。

你的住房是你的资产吗

你有没有思考过你的住房是你的资产吗？对于大部分人来说，这个思考是从来没有发生过的。对于他们来说，住房当然是自己的资产，而且是最大的资产。报纸上、电视里整天都在灌输这样一个观点——“住房就是你最大的资产、最好的投资”。你也欣然接受，全然不知这其中的问题。现在再去看看资产、负债的定义。你的住房给你带来现金流了吗？没有！事实上，它不仅没能带来现金流，而且不断地让现金流流出：修缮住房、更换家具、更新卫浴……这些都是需要花钱的。你的住房不断地让你的现金流流出。根据财富领域对于资产负债的定义，我们用脚趾头就能知道，你的住房不是你的资产，它是你的负债——而且对于绝大多数人来讲，这是他们最大的负债。于是，我们也就更加理解了《邻家的百万富翁》的作者托马斯·J·斯坦利和威廉·D·丹科所得出的调查结果：百万富翁的住宅通常并不位于富人区。因为他们住宅的均值远远低于人们预想的水平。他们一生更换住宅的频率也远低于其他人。这些叙述在《邻家的百万富翁》中都有详细的调查数据支撑。这是有其背后的逻辑的。富人购买资产，穷人购买负债。富人知道自己的住房并不是自己的资产，而是自己的负债，所以，他们并不会在自己的住房上面像其他人那样投入相当多比例的资金。

中产阶级往往对于媒体报道最近的住房价格又上涨了而感到欢欣鼓舞，认为这是自己的资产增值了。虽然他们现在既不能用这份“资产”购买面包，也不能用其缴付学费——不然他们就要去住桥洞了——但他们乐于接受住房价格上涨之类的“好消息”。当住房价格下跌时，他们又患得患失，认为自己的资产贬值了，有些做事极端的人甚至会为此砸了售楼处。在这里，价格的涨跌不是重要的，实际上对他们而言，重要的是他们弄混了财富的概念，住宅是他们的负债，而不是资产。但他们对此却浑然不知。

一套房子从购买到装修再到最后的入住。这中间花的钱，对大部分人来说，是他们一生最大的消费。这中间有很多人平时可能会为了 100 元钱多跑 20 公里的路或者为了 10 元钱和菜场的小贩讨价还价 10 分钟，但对于一盏崭新的客厅吊灯要一次性花掉自己 1 万元却视而不见。他们对于 100 元、10 元是敏感的，但对于 1 万元的支出却熟视无睹。很多时候，他们安慰自己："一辈子就这么一次，还是要搞得好一点。"但通常的情况可不是这样——他们一辈子可不止购买、装修、入住一套住房。

只要没有对资产、负债产生明确的认知，对住宅是负债有明确的观念，就很难开凿出自己的自动收入"河流"。真正的百万富翁的住宅都是低调的，都是远低于他们收入水平之下的，他们也很少会更换自己的住宅。不能理解这个概念的人，无论收入高低，都会在住宅这个项目上花销占比最大。10 万元年薪的人，会踮着脚购买一套 100 万元的住宅；100 万元年薪的人，会踮着脚购买一套 1000 万元的住宅。

住宅的花销不仅仅是房价本身，还包括购买后的税费，这都是动辄以万计的支出。装修的支出现在占房价本身的比重是越来越高了，有些已经达到了住房本身价格的 1/3 至 1/2。低收入者通常会认为自己的收入有限，如果自己的收入更高一些，便能在装修上花费更大而且更轻松。但事实却不是如此，对于高收入人群来说，他们的装修压力并不比低收入者小。因为他们的房子更贵，房屋面积更大，不仅需要扩大装修材料的用量，而且需要更加体面的装修。装修的成本并不是随着房子面积而呈线性增长的。60 平方米的住房和 240 平方米的住房在装修耗费的价格上绝不是 4 倍的差距，而可能是 8 倍甚至是 16 倍的差距。有一点装修经验的朋友都知道，随着房子面积的增大，装修难度是迅速升高的。比如管线隐蔽工程的施工，需要在一切入场前全部提前规划好、安排好，面积大的房子规划的难度要比小房子大得多。更别提带有二楼的复式、排屋、别墅之类的了。

在房子装修的项目上，人们总会根据自己的收入水平，把装修金额限定在一个可以接受的尽量高的水平范围。除了装修的花销外，还需要支付房屋软装的费用，包括床、沙发、桌椅等，这些支出也会随着购房者收入水平的上升而水涨船高。

大部分人把钱都花在了住房上

无论是工薪阶层还是企业主，如果没有对住房是负债形成清晰的概念，就会在自住住房上花上很大一笔资金。因为这笔支出过于庞大，通常他们都会通过贷款来透支今后的收入。以前，人们只能根据自己的已存储蓄进行消费。社会发展至今，发达的金融系统可以提前让人们安排自己未来的收入，甚至是一生的收入。贷款再也不是稀奇的、稀有的事情，不论是住宅贷款，还是装修贷款，手续都越来越简便，提供的机构也越来越多。

人们对于一次性、大额的非经常性支出是不敏感的。原因之一就是因为它是一次性的疼痛。当你做出了用自己两个月的工资来购买一张心仪的沙发的决定，付款之后，对于支出的疼痛，你只有一次。一次的疼痛都是易于忍受的。因为你可以安慰自己：一生就这么放纵自己一次，或者其他类似的理由。但是，对于每天都来吃早饭的早餐店涨价一事，却会让很多人疼痛感更为强烈。因为每天都让自己痛一次，显然让人非常不爽。事实上，即使早餐店每天都在涨价，也不可能有一张沙发的支出多。

既然住房是负债，那么就应该减少负债。不需要购买金额大的房子，大房子就代表了大负债。更不需要随着收入水平的提高而频繁地更换住房。住宅只需要适合居住，有一个良好的居住环境就足够了。

还记得上文说的那句话吗？富人购买资产，穷人购买负债。富人之所以富，就在于他们对于资产和负债有清晰的认识。他们总是不停地购买资产，同时尽量降低自己的负债。他们相对的减少了在住房上的开销，于是他们把在住房这项负债上减少的资金投入到了购买资产的行列。

记住资产和负债的明晰区别是重要的。想要变得富有，就尽量购买资产而减少购买负债。对于一套房产，如果它不能给你带来现金流，而让你的现金流流出，它就是负债；如果这套房产通过出租给你带来了租金，租金收入减去这套房产每月的支出（比如修缮费、房贷利息）后还有不少盈余，那么它就能给你带来现金流，它就是你的资产。当然，并不是说现金流只要是正的，这项资产你就值得购买。因为世界上可以选择的资产有很多。它们在当时的情况下，当然是有优劣之分的。同样的资金，你做出了思考，选择了购买某项资产，而不是另外一项资产，这会在我们后面的章节做出具体的论述。但是，总的来说，无论你是购买这项资产，还是那项资产，只要你是在购买资产，而不是在购买负债，你终将会变得富有。

第五节
自动盈利的事业

富人和穷人的一大区别就在于富人往往拥有自动盈利的事业，而穷人只有靠体力工作的职业。

对于拥有自动盈利的事业，很多人的内心对其的追逐是强烈的。但是，也有人对此不仅毫无追逐之心，甚至连“自动盈利的事业”这个概念都未曾在大脑中出现过。

一项赚钱的项目，如果必须我们到场才能够带来盈利，那么，这就是我们的“职业”；一项赚钱的项目，无须我们到场，无须我们付出额外的劳动，便能够自动地产生盈利，为我们持续不断地带来利润，这就是我们的“事业”。

拥有自动盈利的事业

我们需要做的是建立一个自动带来收入的系统。

在此，我们毫无贬低“职业”的意思，任何人都需要从“职业”开始起步赚取我们的第一桶金。然而，能否拥有“事业”才是我们超出他人、步入财务自由的关键。

有些人的立意、着眼点很高。当他们想明白了这个道理，即使当时一无所有，他们的内心也如同炙热的火球一般对此充满热情。我的一个朋友曾经多次创业失败。他从来没有想过通过工作赚到钱，他每次的努力都是为了建立一套自动盈利系统。每一次的失败并没有打击到他的热情。他和妻子一起为此奋斗不懈，直到他们 30 岁的时候，终于建立起了一套成功的系统。依靠它们的持续运转，他和妻子实现了拥有一套自动盈利系统的目标。

在这个世界上，有很多建立自动盈利系统的机会。问题的关键是，要有这样的一个认知以及对它的不懈追求。一个简单的、确定性的答案只能让我们得到一个果实而已；持续不断地思考，其实对我们而言，才是最大的收获。很多人完全没有认识到这种自动盈利系统的存在，更别提主动去构建它了。其实，只要注意观察，我们生活中便有很多机会可供一展拳脚。不少优质的特许经营权便是其中之一。

肯德基的特许经营权已经为不少人所熟知。投资人通过购买某一地区的特许经营许可，从而拥有这一地区的肯德基餐厅的经营权。然后通过选址、装修，让餐厅得以运转。重要的是，在这一系列的过程之中，肯德基公司都会提供一整套的流程操作手册以及员工培训项目。店铺投资人实际上并不需要操心如何管理一家店铺。这一整套的流程规范，实际上是肯德基的最大财富。肯德基通过分享这部分财富给店铺投资人，让后者迅速地崛起为拥有规范管理模式的餐饮企业。

一家肯德基餐厅运营如何，实际上最重要的因素是肯德基这款产品在当地是否受到欢迎，而不是店铺投资人的运营能力。在大多数时候，店铺投资人如果想过多地参与到餐厅的实际管理变更上，效果往往适得其反。严格遵循肯德基公司的规范流程就行了。这一套流程实际上才是店铺投资人所支付价款的很大的一个部分。它的好处就是使店铺投资人并不需要操心整个店铺的运营运转——你什么时候看过一家店铺投资人在肯德基餐厅里监督员工们工作的？因为这毫无必要。

大部分人当听到自动收入这个概念时，如果他们不认为这是天方夜谭，就会认为这事和自己没丝毫关系。只有极少数人会立刻行动起来，为自己建立一套自动盈利系统。一套自动盈利的系统，当然不是靠睡大觉睡出来的，但也并没有那么遥不可及。一套自动盈利的系统抵得上上千份工资单。

人们经常混淆自动收入和体力收入

生活中，人们经常把自动收入和体力收入混淆对待。同样的5万元收入，来自自动收入和来自于体力收入，这两者是完全不在一个层次的概念。对于自动收入的价值很多人不明就里，因而对其的追求自然也就谈不上不顾一切。自动收入最有价值的地方在于让我们拥有了自由。当然，我们可以列举自动收入带给我们的其他各种各样的优势。然而，让我们拥有自由却是它最大的特点。

体力工作限制了我们时间的自由度。我们必须困守在岗位上才能获得收入。然而，我们从来没有否定体力工作的意思。我们认为一个人追求进步的态度是最重要的，无论他现在处在什么地位，以及拥有多少财富。倘若一个人因为建立了庞大的自动盈利系统而让自己拥有巨大的财富，从而能够实现自己不再工作、逍遥自在的活法，虽然这并没有什么可指责的，但绝不是我们这类追求进步的人所会做的。人需要处在一个实时追求进步的状态中，即使他的自动盈利系统非常庞大，足以使他过上最为优裕的生活。

开凿属于自己的自动收入的“河流”，实际上是步向财务自由的快车道。但是，如果选择通过体力工作来实现财务自由，则会遥遥无期。每一条自动收入的小“河流”的挖通都会让我们更快、更好地实现财务自由。不用自己操心的赚钱通道是不会占用我们太多精力的。所以，理论上我们可以无限地拓展它们。当我们在进步的道路上开始出发，就会发现时间和精力才是我们最宝贵的财富。我们的时间和精力是如此有限，以至于即使有很多貌似赚钱的机会，也不值得我们行动起来。自动盈利的系统极大地解决了时间和精力有限的矛盾，让我们可以充分地扩展收入。

想要用体力工作来实现财务自由，基本算是走上了一条艰难的道路。体力工作需要我们不断地在岗位上才能产生收入。而且，这样的收入还逃不出通货膨胀的魔咒。时间一长，原来的存款价值一点点地变得更小了。

第六节

懂点经济学

迄今为止，人类的知识学科总体上分为两类：人文学科和自然学科。物理学被视为自然学科的执牛耳者；而经济学则被视为人文学科之皇冠上的明珠。

在人文学科之类，甚至有“经济学帝国主义”一说。因为无论什么人文学科，经济学家都能过来插上一脚似地抒发己见。

牛顿的《自然哲学的数学原理》公开发表为人类打开了现代自然科学之门，亚当·斯密的《国富论》公开发行则让人类首次系统地揭开了经济世界运转的神秘面纱。

在《国富论》之前，关于经济世界是如何运转的，历来没有人能够说得透彻，更别提系统地建立在逻辑体系之上的理论。西汉史学大师司马迁在史记中曾经著有《货殖列传》一篇，其智慧光芒照耀后世。然而，这篇文章也仅仅是关于经济发展的星散的知识碎片而已。对于复杂经济的整体理解，《国富论》如同开天辟地一般刷新了人们的三观。如果说《国富论》重塑了人类，也毫不夸张。因为自此以后，所有有求进步的人，都可以以一个较为客观、正确的观察镜来理解人类的经济活动了。这也导致了人们一系列组织结构的变迁。

我们作为在经济活动中的弄潮儿，如果不懂得一些经济学的基本知识，便不能够做出正确的决策。特别简单的一点是，如果没有学习过经济学，我们的世界往往是一维的；懂得一些经济学，我们的世界则会变成二维乃至三维、四维的。

理性人假设

经济学的整个大厦是从哪里开始建起的呢？整个经济学的所有理论都是通过严密的数理逻辑推导方式建立起来的。然而，当我们不断溯源，所有理论的源头都是建立在“理性人假设”的基础之上。

理性人假设又被称为经济人假设。这个假设为：每一个从事经济活动的人都是利己的。具体来说，理性人具有两个特点：1. 自私，人们的行为动机往往是趋利避害，以使自己的利益最大化；2. 完全理性，即每个人都能够通过“成本——收益”或趋利避害原则来对其所面临的一切机会和目标及实现目标的手段进行优化选择。显然，这个假设具有完美主义的特点，很多人连算术都没搞明白，更别提通过“成本——收益”来计算自己的得失了。然而，这个假设却价值连城，因为总体上，这个假设是可行的。所有人都是在自己已经掌握的信息及能力基础之上以及思想偏好上，做出对自己最有利的选择。

我们看个最简单的例子：古代地主怎么收佃户的地租。比如，把一亩地粮食的产量看作十分，那么，地主会收多少粮食的地租呢？这个比例当然根据环境的变迁略有不同。但是，整体上，这个比例一定在能够让佃户全家人生存下去的一个范围。如果单纯地按照最简单直接的最大化利益考虑，地主会把九成乃至所有的收成都归为己有。然而，如果这些佃户们都饿死了，第二年也不会有人愿意来租他们家的地了。所以，这个比例至少是能够让佃户全家人生存下去的一个底线。如此，地主才会得到最大化的利益，而不是一竿子生意的利益。

经济学告诉我们，世界是二维、三维乃至多维的，而绝不是一维的。没有学习过一些经济学的人，通常对世界的认知便是一维的。这种认知是幼稚的，也是危险的，也是不利于自己创造财富、保有财富的。

我们再来看一个简单的例子——关于房价的问题。房价可以说是当今中国几乎所有阶层茶余饭后都会聊到的话题。房价牵动了太多中国人的心。关于房价讨论中有趣的一点，便是“房价是否会暴跌”。我们可以看下网上对此的讨论。然而，这些讨论大多都是站在一维的角度考虑的。比如一部分人会声嘶力竭地批判高房价，并且认为房价一定会暴跌，一旦房价暴跌，他们就能够买得起自己梦寐已久的住房了。事实的情况果真如此吗？实际情况很有可能会让这些人失望了，因为房价如果暴跌，他们可能连工作都丢了。总之，事实是，房价如果暴跌，受害最严重的，仍然会是这群如今买不起房的人。现在他们可能只是买不起房子，到时可能连买面包都是问题。这就是从一维看到二维乃至三维、四维的问题。

房价如果暴跌，一定是经济上的一个整体的反应。所有人、所有行业都不会逃脱得了由此造成的伤害。当然，有些人受的伤害小一点，有些人受的伤害大一点。但是，绝对不可能出现这样的情况——其他所有情况都不变，而只有房价出现暴跌。

这些如今买不起房子的人，在房价出现暴跌的时候，他们有没有工作可干，以及他们那时的收入如何显然是非常不乐观的，甚至出现其他的严重问题，在此基础之上谈买房更是不可能了。然而，人们在讨论这个问题时却认为能够保持什么都不变，而只是房价出现暴跌，从而让自己有能力买房。显然，这些人对这个世界的认知是不清晰的。

类似的事情还有很多。当一个因子变化的时候，我们要知道，它并不是孤立的，所有其他的因素都会跟着产生变化。

“欺诈”和“诚信”也是这样的一对关系。当一个人采用“欺诈”的手段的时候，他很可能在短时间内得到一些不该属于自己的超得利益，然而，大家也会迅速贴之以“欺诈”的标签，从而逐渐拒绝与他合作。而坚持“诚信”的人却恰恰相反。讲“诚信”的人可能在短时间内失去一些已经到手的利益。然而众人却会盖之以“诚信”的标签，继而与他开展合作时，便会较为安心、放心。所以，他自然不愁没有钱赚。所以，聪明的人都会选择做一个讲“诚信”的人，而不是一个“坑蒙拐骗”的人。这不仅出于道德上的考虑，也是出于理性的计算。

关于“经济的世界是二维、三维乃至多维的，而不是一维的”例子还有很多。总之，我们一定要知道自己的行为会使对方的行为产生变化；某一件事情的发生也一样会引起相应其他事件的改变。没有人傻到当你一直在做着伤害着他的事的时候，他仍然对你保持一如既往的热心肠。

沉没成本

很多人做事不够果断的原因并非简单的一句“性格如此”，而是因为不熟知“沉没成本”的概念。

沉没成本是指已经发生了的和当下决策无关的成本。其对应的概念是“新增成本”。沉没成本是决策非相关成本，在项目决策时无须考虑。相对的，新增成本是决策相关成本，在项目决策时必须考虑。

2001年的诺贝尔经济学奖获得者、美国经济学家约瑟夫·斯蒂格利茨用一个生活中的小例子来说明什么是沉没成本，他说：“假如你花7美元买了一张电影票。你怀疑这部电影是否值7美元。看了半个小时后，你最担心的事被证实了：影片糟透了。你应该离开影院吗？当作这个决策时，你应当忽视那7美元。它属于沉没成本，无论你是否离开电影院，钱都不会再收回来。”无论如何，我们这7美元电影票钱之前已经花掉了，是无法再收回的了，所以，现在判断是否留在电影院继续观看电影的因素，只有这部电影是否足够好看。如果是部烂片，我们就拔腿走人，因为即使我们在这里待着一个半小时看完整部电影，除了再多浪费我们一个小时的时间（属于我们的新增成本），没有半点好处。

很多人之所以忽视“沉没成本”，是因为他们对于之前的付出耿耿于怀。这种效应也被称作“损失厌恶”。比如当股票跌掉10%的时候，有经验的机构投资者会因为触发止损线而果断抛售股票，使自己的损失限制在10%范围内。而众多散户则会选择继续持有，当股票下跌至50%之后，这些散户就更不会抛售手里的股票了。因为他们认为，如果抛售了，那么自己则是确定无疑亏了10%或50%，而如果不抛售，那么股票的价格在某个时候可能还会涨回来。相对于赚取10%，人们对于损失10%的刺痛感更加强烈。

当我们考虑某事是否继续进行下去的时候，不应该考虑已经发生了的无法收回的因素，而应该只考虑新增成本。不能抱着之前已经投入了多少资源了，现在退出显得很浪费，以致在泥潭里越陷越深。

机会成本

不少人在人生选择上的决策失误，并不是因为对这个项目的成本考量有什么大问题，而是因为对于成本范围的认识出现了一个大漏洞。

一个项目的直接成本（也可以称之为“会计成本”）是不会被人们所忽视的。比如开一间餐馆所需要支付的房屋租金、装修费用、工人工资、水电费用等。然而，另外一项成本却不被人们所重视和了解，那就是“机会成本”。

机会成本是指当我们选择做某个项目时，而同时被舍弃的其他选项。比如，张三开一间餐馆的机会成本就是他本可以通过去一家公司上班而获得每年10万元的年薪。10万元就是张三的机会成本。再比如，我们的自住住房的机会成本就是原本这套住宅用于出租所能获得的每年8万元的房租。8万元就是我们选择这套住宅自住所付出的机会成本。

通常，我们也可以将机会成本简单地理解为“时间成本”。

很多人之所以在人生选择上出现了偏差，就是因为对于机会成本的认识不够深刻——并不是什么赚钱就可以做什么的，做任何事都隐含着机会成本。

当下，能够拥有一份自己的小生意是很多都市白领的一个梦想。能够拥有一间自己的小店，无论是咖啡馆、奶茶店抑或是服装店，都能让人感觉心里温暖而踏实。除了增加一点工薪之外的来源，这个小生意还装载了自己一直以来的“梦”。即使在公司疲于应对办公室的各种复杂关系，劳于各种没完没了的工作，也能够有一个属于自己的小天地，让自己能够做得了主。能有这个想法，当然是很不错的。不过在具体实操上，除了计算这个生意能否盈利之外，更重要的是，仍然要判断好为了拥有这个小生意所付出的机会成本。

当我们忙前忙后赚了一点钱，而同时却因为做这件事情占用了我们很多的时间和精力，而我们本可以用这部分时间和精力去做更为重要的事情的时候，那么我们在最初开始之时，就应该停止做这个项目。

生活是有成本的，我们的赚钱项目也是有成本的，而最容易忽视的，也往往是金额最大的成本，就是我们的机会成本。不懂得机会成本的奥秘，就很难做出盈利巨大的事业。

关于经济学的书籍汗牛充栋。然而，初学者需要先阅读一些永恒的经典，快速地树立一个建立在坚实地基上的知识结构体系。亚当·斯密的《国富论》是经济学的开山鼻祖之作，其优点自然不必赘言，而且这本书是比较通俗易懂的；保罗·萨缪尔森的《经济学》也是一本很好的经济学教科书，通过阅读它，能让你迅速地对经济学有一个概括性的、准确的了解。

总的来说，经济学是一个让人脑洞大开的学问。它的很多结论对于人们来说都是全新的答案。如果对经济学没有一些了解，在如今这样一个充满竞争的社会里，确实很难做出正确的决策。作为一个现代人，只有对经济学有足够的了解，才能够对现实世界的种种现象有一个正确的、本质上的认知。

第二章

你知道财富世界里的最大秘密吗

本章导读

第一节　超越你的想象：1 万元的复利投资
第二节　钱袋子无法逃避通货膨胀
第三节　平滑的曲线让大部分人放弃
第四节　拐点来临
第五节　时间是复利最好的朋友
第六节　一定要绑上复利：汇丰银行
第七节　滚雪球：巴菲特
第八节　避免亏损
第九节　不能忽视的基数
第十节　什么是构建一切的基础
第十一节　手里要有现金
第十二节　要不要批判复利

第一节

超越你的想象：1 万元的复利投资

你知道财富世界里的最大秘密吗？如果知道它，你就犹如驶上了财富的高速铁路，长期来看，建立起巨额的财富只是时间的问题；如果你不知道它，你就宛若掉入了实验圆圈的小白鼠，虽然双腿一直在飞奔，却始终不能摆脱贫乏的引力。这个秘密的重要性如何强调都毫不夸张。没有它，一切财富的大厦都将崩塌；有了它，百尺的高楼也将平地而起。正是由于它的存在，让财富的运转宛如流水，生生不息。也正是由于它的存在，让一个平凡的人能够建立起巨额的财富。但凡不明了其道理的，抑或是不能够将这种道理深刻地内化到脑子里的，都只能靠自己有限的体力创造和持有财富，而这样做是不可能积累起巨大财富的，更不可能实现真正的财务自由。这个在财富世界里最为隐秘而同时又无处不在且不辞辛劳随时都在产生作用的秘密就是——复利。

复利是指一笔资金除本金产生利息外，在下一个计息周期内，以前各计息周期内产生的利息也计算利息。通俗来讲，就是利滚利。也就是说，之前投资产生的利息继续产生利息。

复利的力量在于它本金繁衍出来的后代（收益）仍然继续繁衍后代。十传百所需要的工夫和一传十没有区别，但在绝对值上却不是一个数量级。

我们很多读者都是学财务、会计专业的。复利的定义在他们大学的课程里都会有所涉及。需要我们注意的是，财富领域的知识不等同于财务知识、会计知识；财富领域的概念也不等同于会计专业里的概念。

会计知识多用来计算企业的盈亏，财富知识多用来个人创造财富。它们不是完全相等的，在一些重要的概念上，它们甚至是相冲突的。如若它们完全相等，那自然每个会计即使没有实现财务自由，也至少家财万贯，可现实的情况当然不是如此。所以，有点耐心，先不要急着轻视和否定，不懂得复利里面蕴含着的真实深意，并把这种深意完全内化到自己的脑子里，形成自己的复利思维模式，就不可能创造巨额财富。

我们先来看看下面这道测试题，以使你对复利能够形成一个简单的印象。

1 万元钱，按照每年 10% 的利率来复利计息。那么，200 年后是多少钱？给你以下 5 个答案供选择。

A. 21 万元。B. 201 万元。C. 2000 万元。D. 2 亿元。E. 200 亿元。

其实，上述答案都不正确。正确的答案是近两万亿元。我想这个答案超过了大部分人的想象，而这恰恰就是复利的力量。

A 的答案，21 万元，是单利计息。也就是绝大部分人所认知的利息。单利，就是本金产生利息，在下一个计息周期内，仍然是初始投入的本金计算利息。单利的概念是绝大部分人所认知的关于利息的概念。更要命的是，这个概念也是大部分人认识世界的观念，包括认识财富的观念。在这里，我们看到：同样的本金，同样的利率，同样的时间长度，仅仅是单利计息和复利计息的一个区别就产生了21万元和近两万亿元的天壤之别。

怪自己没有遇到复利项目

关于利息和复利的巨大区别，很多人认为自己没有那么傻，关键是没有遇到能够产生复利的投资项目。事实还真不是如此。最大的原因是大部分人会选择用掉本金产生的利息，导致复利根本无法发挥作用。简单来说，原因在于人们用掉了利息，而不是因为他们无法找到复利项目。

比如，有个1万元的投资项目。安德生把每年产生的利息又投进了这个项目，让利息继续产生利息。这就是复利。霍夫曼把每年产生的利息都拿去买日用品了，那么，第二年霍夫曼能得到的利息仍然是10000元×0.1=1000元。这就是单利。

虽然安德生、霍夫曼所选择的项目都是一模一样的，然而，他们一个选择把产生出来的利息继续投资，让利息产生利息，一个选择把产生出来的利息全部花费掉，没有让利息参与再生利息。他们的选择让他们的投资项目一个变成了复利计息，一个变成了单利计息。

200年后，安德生的1万元变成了近两万亿元。霍夫曼的项目呢？在200年间，霍夫曼的项目每年都会产生1000元的利息，霍夫曼以及其后代都会花光它们。即使霍夫曼及其后代如此迫不及待地消费掉他们的投资成果，但他们享受的总额其实很有限：200年间，1万元总共产生的利息是20万元。而安德生呢？他早就不去管他的投资了，当初选择投了1万元之后，他就再没去考虑过这个项目。至于消费掉他投资产生的收益？他想都没想过。安德生在投资后的第40年，他的1万元本金已经像滚雪球一样地滚到45.3万元。那时，他即使拿出这份投资的一半，也比霍夫曼及其后代在200年间所消费的总金额（霍夫曼的项目产生总利息20万元）还要多。但是，安德生从来不会动用自己投资所产生的收益，他知道什么是复利，他知道自己想要什么，他原先怎么生活，现在仍然怎么生活。

又过了20年，安德生已经86岁了，他的投资已经滚到了304.5万元。短短20年间，安德生的投资增长了259.2万元。而在之前的整整40年里，安德生的投资虽然已经远远高过霍夫曼的投资，但总额也只有45.3万元。经过了短短20年，竟然已经由45.3万元变成了304.5万元。这时候的霍夫曼已经完全知道自己没有任何希望可以再超越安德生了，因为这个计算太简单了，安德生当年产生的利息是30.5万元，而霍夫曼的项目当年的利息仍然是1000元，这完全不是一个数量级的差距了。安德生当年的利息就已经超过霍夫曼的项目在200年间所有的利息之和了。

86岁的安德生仍然精神矍铄，他从未想过去动用他的投资收益，他早就知道了复利的强大力量。他从二十几岁开始，每年都会投资至少一个项目，现在的他已经拥有了一百多个每年都会产生收益的投资项目。这一百多个项目现在的总金额，我想你想都不敢想。是的，安德生很早就实现了财务自由。而且，他的财富在他年老时仍然在继续加速往上涨。

安德生从二十几岁开始投资，他所有的投资产生的收益都分文未动，任由它们在自己的资金池内自发地不断生长。他深知复利的作用，他的思维从来都是复利思维。听起来一百多个项目似乎要花掉一大笔本金，而实际上，这丝毫没有影响到安德生的生活品质。

1 万元即使对于 26 岁的安德生也不是一个大数目，实际上当年他还投了另外一个 1.5 万元的项目。每年保持投资是安德生的生活方式。他每年都会投资一个甚至几个项目。然后，从来不会去动用这些项目所产生的收益，仍然将收益继续留在项目里滚动地为自己带来收益。

总之，复利的作用向来都是越来越强的。你越不积累，复利就让你越弱；你越是积累，复利就让你越强。

钱是羊群，而不是固定的数字

在前文案例中，安德生的投资账户，因为他每年的投资方式，他在 40 岁时也积攒了不少钱在里面。虽然这时复利作用并不让人感到惊诧（1 万元的投资，经过 15 年时间，现在是 4.2 万元），但毕竟他每年的投资让他的账户里积攒了一大笔资金。他在此时已经达到了财务自由的阶段。如果他乐意，他就可以停下工作而去海边度假，收益仍然会源源不断地存入他的银行账户。

安德生的好友霍夫曼是个吃光、用光者，霍夫曼经常劝说安德生花光他的投资，或者至少用掉一部分他的投资。他对安德生说："我亲爱的老友，你虽然积攒了一大笔钱，可是我并不羡慕你。你积攒的钱，对你有何益处？你不去使用它们，让它们为你带来快乐，赚来它们又有何用？"在霍夫曼眼里，钱是死的，是固定的，钱仅仅是一个数值。现在的 1 万元就是 1 万元，现在的 100 万元就是 100 万元。

面对霍夫曼的建议，安德生每次都会开怀大笑，他都会对霍夫曼说："我亲爱的霍夫曼，你看我现在的生活有哪里不好吗？我每个夏天都去澳洲潜水，每个冬天都去瑞士滑雪。我靠我的工薪生活。我原来是靠工薪生活的，我现在仍然靠工薪生活。26 岁的时候，你在我的强烈建议下，和我一样，也投资了一个 1 万元的项目，那也是你至今唯一的投资。你在每个年末收到1000元利息的时候，都迫不及待地把它花掉，不是买了啤酒，就是买了香烟，或者买了送给你女朋友的包包。可是，这么多年了，我的霍夫曼，你每年的1000元利息给你的生活带来了什么改变吗？”

在安德生眼里，钱不是死的，不是固定的，不仅仅是一个数值。钱是活的，钱就如流水一样，就如繁衍的羊群一样，生生不息。一头羊可以生4只小羊；5只羊可以生20只小羊；20只羊可以生80只小羊。现在的1万元不是1万元，而是数十万元、数百万元乃至数千万元；现在的100万元不是100万元，而是数千万元、数亿元、数十亿元。这完全是两种截然不同的观念。一个是单利的观念，固定的，死的；一个是复利的观念，流动的，活的，生生不息的。

霍夫曼之所以抱有“吃光用光，身体健康”的观念，和他对复利没有认识是有非常大关系的。在霍夫曼的大脑里，即使你明确告诉他现在的1万元会在40年后变成45.3万元；再过20年会变成304.5万元。他也不会有任何感觉，他只是感觉到钱增加了。由一个数值变成了另一个数值，只不过是多了一点而已。钱在他的大脑里，仍然是固定的一个一个的数字，是确定的。只不过是由一个小一点的固定的数字，变成了一个大一点的固定的数字。他不能理解钱是会自动增长的这样一个流动的观念。

安德生的问话是实在的，他说：“你每年的1000元利息，给你的生活带来了什么改变吗？”是的，对于霍夫曼来讲，他每年的薪水远远高于这1000元的利息。这1000元的利息对他的收入来讲，不过是杯水车薪，根本不可能给他的生活带来什么改变。他原来一星期喝3次啤酒，现在仍然喝3次啤酒；原来送给女朋友的包包是××牌子的，现在仍然如此。

时刻打着本金的主意

“我亲爱的霍夫曼，在这笔1万元的投资之前，你曾在我的建议和劝说下，已经投入过一笔1万元，但那笔投资，你认为1000元的利息太低，在第二年就因为需要花钱，而将它连本带息地全部取了出来。可是，你的生活就真的需要这1.1万元吗？你每年的工资远远高过1.1万元，即使没有这1.1万元你照样可以过得很好。

“我每年都用一小部分的薪水作投资。我的投资一旦投了出去，从来不去管它，更不会动心思去动用投资产生的收益。我的生活从来不曾因为我动用了一小部分薪水用于投资而有什么影响。我该吃什么吃什么，该穿什么穿什么。我原来是靠薪水生活的，我现在仍然靠薪水生活。”安德生对霍夫曼说。

安德生在谈话里透露出了一个重要信息：事实上，在这笔1万元投资之前，霍夫曼曾经在安德生的劝说下已经投入过了1个1万元的项目。但他在投资的第二年就连本带息取了出来。

事情的经过是这样的：

每年1000元的利息对于霍夫曼来说实在是可有可无，但1万元的本金，对霍夫曼还是挺有诱惑力的。虽然他存了这1万元的投资，但他总是想什么时候能够动用一下他的本金。每当他看到有最新款的游戏机上市的时候，每当他看到有最新发布的典藏版啤酒的时候，每当他的女朋友向他索要新的礼物的时候，霍夫曼都在考虑是否动用他的1万元投资本金，他随时都在提醒自己：“你是有钱人！你还有1万元的本金呢！”

有一天，霍夫曼要和他的漂亮女朋友前去海湾度假，他们急需要两件新礼服来参加正要举行的盛大的海湾聚会。

霍夫曼的女朋友对他说：“亲爱的，我们一定要购买这两套新礼服。你看它们多美啊！有了它们，我们就是晚会里最亮的‘星’。”

“可是，我们没有现金了。上个月的工资已经刚刚购买了最新的潜水装备。”霍夫曼皱了皱眉头说。

“你不是还有1万元的投资吗？每年只有1000元的利息。我们能用这1000元的利息干什么呀！它还不够我们吃顿浪漫烛光晚餐的花费。”霍夫曼的女朋友说。

霍夫曼想想也是，每年1000元的利息对他来讲实在是微不足道的。“为了1000元的利息，而困住了我1万元的资金，这简直是太愚蠢了！”霍夫曼心里想着，但他仍然有一点犹豫。因为这个投资项目是他的好友安德生费尽口舌说服他投的，并且，安德生千叮万嘱霍夫曼：“永远不要动用你的利息！更不要动用你的本金！你的生活不需要它们。”

“不要犹犹豫豫了。你还是不是个男人？只不过是1万元而已。我们1个月的工资都不止这点钱！这两套礼服，我们可以用很久。下次聚会还可以穿的。而且，现在有打折促销，特别划算。”正当霍夫曼稍有犹疑的时候，他的女友劈头盖脸地数落他一顿。

霍夫曼决定了，他也想明白了：并不是他自己有问题，而是安德生有问题！安德生根本就搞不清楚状况，胡乱在那瞎建议。这下，霍夫曼的心情瞬间舒畅了。“总算可以动用我的1万元投资本金了。我熬了整整1年，实在是太难熬了。有钱不用，傻啊！”霍夫曼感叹道。现在霍夫曼终于不用操心他的1万元投资了，原本每天心里都想要动用的念头这下可算解决了。

当天晚上，霍夫曼就提交了退出投资申请。第二天一早，他们就去银行领回了1万元的投资退回汇款。当天，他们便开开心心地去挑选晚礼服去了。

上面就是霍夫曼第一个无疾而终的1万元投资项目的始末。霍夫曼早就忘了自己还有这档子事，但安德生却记得。霍夫曼没有意识到损失了什么，怎么可能会记得曾经发生过的事呢？就比如现在我们的一个不够明了的行为让我们在多年之后实际上损失了一大笔钱财。但之所以我们会损失，就是因为我们不曾明了。因为我们不曾明了，我们哪里知道自己的行为会有什么失当之处呢？我们哪里知道已经产生了损失呢？未曾明了是最大的损失。令人遗憾的是，这种最大的损失从来都是最难被人察觉的。

第二节

钱袋子无法逃避通货膨胀

在前文案例中，和安德生一样，曾经同样有机会的霍夫曼，却无论如何再也无法建立起能够和安德生比肩的财富了。因为复利的作用已经像一把巨大的剪刀，剪断了他们最后可能的联结。时间是复利最好的朋友。做对了事，随着时间的流逝，复利就会帮我们加速积累；做错了事，随着时间的流逝，复利就会帮我们加速消融。复利是加速度的，弱则越弱，强则越强。复利无时无刻不在产生作用。如果你在弱化自己，那么，复利会同样用加速的力量来弱化你。

没有哪个钱袋子可以逃脱通货膨胀

关于“没有哪个钱袋子可以逃脱通货膨胀”这句话，一个很好理解并且和每个人都息息相关的例子就是通货膨胀。无论我们生活在社会的哪个角落，无论你是亿万富翁还是一介平民，通货膨胀无时无刻不在侵蚀着我们的钱包。

通货膨胀的含义是指在一段时间内，物价水平普遍持续增长，从而造成货币购买力的持续下降。简而言之，就是钱一年比一年不值钱。对此，我想任意一个普通人都会深有感触。用 100 元钱曾经能够在超市里买到一大袋子东西；曾经可以在菜市场购买一大包蔬菜和鱼肉。但是，现在的 100 元在超市里也许买两样东西就花掉了，在菜市场里买 3 种像样的菜都困难。

我国统计 CPI（居民消费价格指数，被当作衡量通货膨胀的重要指标）的时候是剔除掉房价指标的。也就是说，房价的涨跌不计算在 CPI 里面。可是，房价的变动却不会因为其数据没有被统计进 CPI 里而发生什么改变。一模一样的 100 万元，当年没有买房，等到第三年买不起了，那么，这个 100 万元就贬值了。因为它的购买力下降了。前年的 100 万元能够买一套房子，这就是原来 100 万元的购买力。现在的 100 万元已经不够支付这一套房子了，也就是说现在的 100 万元的购买力比前年下降了。同样的 100 万元，数字上一模一样，存在银行里看上去很安全，一分没少，但实际上却少了很多。

钱即使被藏得再好，通货膨胀也在每刻不停地侵蚀着它。社会之中的每一分钱都逃脱不了通货膨胀的引力作用。它不是高深莫测的，更不是高高在上停留在书本里面的，而是和每个人的钱袋子都息息相关的。

现金会快速贬值

有时候，一些专家会发布一些类似通货膨胀很好之类的观点，包括什么促进了经济增长之类的。我想这大概是人类天生的自我保护机制——在实在无法摆脱某件事情的时候，一定要在里面找出一个勉强能够说得过去的理由——让自己开心一点而已。事情的真实情况就是通货膨胀在不断侵蚀我们的资金。这是毫无疑问的，不需要欺骗自己。我想我们身边一定有这样的例子。同样的一个城市，甲将现金投资定期或者其他的理财产品，而乙贷款买了一套房。过了10年，甲手里的现金已经不能够支付现在的房款了，而乙的身家因为房价的上涨显然超过了甲很多。甲、乙可能都做着类似的工作，有着差不多的收入，但现实却是他们的阶级逐渐出现了分层。在这里，乙就是通过购买房产的形式实现了抵御通货膨胀的目的，而甲的现金被通货膨胀侵蚀了。

让我们来看一下，以100万元举例，假设每年是5%的通货膨胀率，那么，每年钱会贬值多少？会余下多少？5%的通货膨胀率，换句话说，就是钱每年的价值只剩下上一年度价值的95%，见表2–1所示。

表2–1　100万元遭遇通货膨胀后的情况

年份	贬值金额	贬值后价值
第一年	5万元	95万元
第二年	4.75万元	90.25万元
第三年	4.51万元	85.74万元
第四年	4.29万元	81.45万元
第五年	4.07万元	77.38万元
第六年	3.87万元	73.51万元
第七年	3.68万元	69.83万元
第八年	3.49万元	66.34万元
第九年	3.32万元	63.02万元
第十年	3.15万元	59.87万元

通过上文的计算，我们可以看到现金的贬值速度非常惊人，如果你什么也不做，把现金藏在地窖里或者让它躺在银行的账户上，那么10年之后，原来的100万元只价值59.87万元。再过10年，只价值35.8万元。如果我们的现金不用于投资，那么，很快这些现金将会消失得连影子都找不到。但是，环顾我们的四周，很多人完全不考虑通货膨胀，天真地认为只要“认真工作+储蓄”，就能实现财务自由。这种想法很难实现。在工作中赚的钱，即使好不容易省吃俭用，投入到储蓄里，还会有一只看不见的手在伸向你的储蓄。而且，这只手是这么勤奋，你睡觉时，它在掏你的储蓄；你度假时，它在掏你的储蓄；甚至在你买咖啡等待的空隙，它还在掏你的储蓄。你需要一周休息一至两天，每年最好有几个长假，但它却不用休息，一天24小时、一年365天无时无刻不间断地在掏你的钱包。我想大家都明白了吧，当我们在向自己的钱袋子注入现金的时候，却没有发现我们的钱袋子底下原来有一个大窟窿，一直使现金不断地流出。我们工作的收入是有限的，而这只看不见的手又一直在掏我们的储蓄。“认真工作+储蓄”这条路怎么可能走得通呢？

现金会不断贬值。无论你喜欢或者不喜欢，它的价值每年都在不断下降。即使你把它捧在手心里，它仍然会不断缩小。可是，好多人虽然知道菜市场里的菜越来越贵了，但他们就是很难把它理解为钱越来越不值钱了；一部分人把这个理解转化过来了，但又很难想明白通货膨胀对自己钱袋子的侵蚀作用。我们很容易把今年的100元理解为和去年的100元一模一样，因为这样便于计算，便于认识。但是，它们实际上真的已经完全不等价了。今年100元的价值相当于去年的95元了。这一点是大部分人需要注意的。如果不能清晰地认识到“去年的100元在今年的价值相当于95元”这一点，那么就很难跳出“认真工作+储蓄”的圈子。因为人的行为模式是根据他的潜意识来的。如果我们的潜意识是这么工作的，那么，我们很难改变我们外在的行为模式。这就是很多人学了许多知识，却感到并没有派上什么用场的原因。知识一定要学到脑子里，直至让它成为自己的潜意识，才能够发挥巨大的作用。随便读几本书是很容易的事。虽然说开卷有益，但若只是随便翻阅，即使当时觉得很有道理，那么，也是浅显的、过几天就忘的，第二天醒来该干什么又去干什么了，行为模式并没有因此改变。没有人能够突破自己潜意识里设定的边界。所以，对于重要的书，我们一定要认真地读，甚至是反反复复地看，让它的理念最终成为自己的潜意识。这样我们自己都不用着急，我们的行为模式、思考方式会自然而然地发生转变。等到事后，才会发觉，“哇，自己真的进步了。”

实际利率和名义利率

在通货膨胀的情况下，不论是工薪阶层还是企业主，今年的收入如果和去年持平，那么就证明实际的收入下降了。我们的名义收入每年必须要增长，才说明自己的实际收入至少是没有下降的。这一点经常被人有意或者无意地视而不见。承认自己的收入并没有增长甚至出现了下降虽然是痛苦的，但至少认清了形势。方向上的正确改变，只能来自对形势的正确判断。比如，如果对形势判断不准，实际收入是下降了，但仍然认为自己的收入和去年一致，甚至还认为自己的收入提高了，那么，今年的预算在安排上很有可能就会出现错误，由此导致的后果可能会更加糟糕。所以，永远都要尊重现实。鸵鸟即使把双眼蒙住，仍然会被狮子吃掉。

收入的增长至少要跑赢通货膨胀率，才能说明实际收入没有下降。比如每年的通货膨胀率是 5%，第一年的收入是 10 万元，那么，第二年的收入必须要达到 10.5 万元才算和去年的收入是持平的。否则，我们的收入实际上就是下降了。当我们去超市购物的时候，付出去的现金会比去年多出 5%。

一年以5%的速度增长或者下降，对于人们的感受，是不明显的。比如超市里的一支冰棍，从5元涨价到5.25元；路边摊的小吃从10元涨价到10.5元。人们几乎会对此忽略不计。通货膨胀正是通过这些点点滴滴的细微，使我们的现金不断地贬值。因为这是年复一年的细微作用，所以，除非猛然回首数年，否则，我们很难感受到这种细微的变化。这就像那个温水煮青蛙的寓言。水的温度是一点点地上升的，在每一摄氏度的变化之间，都是非常小的连续跨越，以致青蛙都不能感受到水温的变化，直到它被彻底煮熟了。现金也是如此，在发现自己的储蓄已经很不值钱了之前，我们很难注意到它们每年都在被通货膨胀侵蚀的现实。

通货膨胀就是这样无时不在、无处不在。轻视通货膨胀对自己钱包以及收入的影响，是永远不可能实现财务自由的。认真工作当然是对的，并且是令人敬佩的。但是，如果单纯地只知道“认真工作＋储蓄”的模式，显然是不可能拥有更多的财富的。可是，大部分想要致富的人却都选择走这条路。因为这条路最符合人的直觉和本能。

我们辛辛苦苦所存的钱以及每年打拼所得到的收入，都在受着通货膨胀的层层剥削。是的，这是毫不夸张的讲法。储蓄和收入如果保持不变，就是在不断减少。如果你认为它们在数字上是一样的，所以它们是相等的，显然是幼稚的。否认这一点，无异于鸵鸟般的蒙眼自保。这就是这个财富世界里的残酷真相。如果不知道这个道理而昏昏欲睡，情有可原；如果知道了这个道理而选择视而不见，那就没有任何人能救得了你。

贵金属无法抵御通货膨胀

即使不考虑多赚钱，仅以保护自己财富的角度考虑，我们也要对通货膨胀抱有极大的戒心。通货膨胀让埋藏几个金元宝或是银元宝在自己家的后院这样的行为看起来很傻。

白银、黄金或者其他贵金属通常被誉为抵御通货膨胀的利器。但现实真的如此吗？事实是白银和黄金根本不能够战胜通货膨胀，它们本身的价值也被通货膨胀所侵蚀。很多人认为，购买黄金等贵金属属于一种好的投资。这完全是投资中的一个很大的误区。在过去的几百年里，这种行为只有在很短的时间内才能称之为好的投资。长期来看，黄金白银的价值都被通货膨胀所侵蚀——它们跑不赢通货膨胀。

1792年，华盛顿第一个总统任期结束的时候，黄金的价格是每盎司19.39美元。2018年2月28日的黄金价格是每盎司1317.2美元，黄金在226年里涨了68倍，年平均复合回报率连2%都不到，远远低于通货膨胀率。也就是说，黄金的名义价格虽然由19.39美元涨到了现在的1317.2美元，但是实际的价值确实下降了很多，因为通货膨胀大幅削低了其价值。如果你的祖先在两百多年前买下了黄金，指望给后代留下一笔巨额遗产，但这笔遗产在今天的实际购买力只有当年的十分之一左右。如果当时你的祖先购买了100两黄金给后代，遗存到今天，它们的价值相于当时的10两黄金的价值而已了。换句话说，假设当时这100两黄金能够买100头牛，那么现在只能买10头牛了。金子仍然是这个分量的金子，但是，它的价值却被通货膨胀侵蚀了。

与黄金类似的，其他的贵重金属也都不是好的投资。

20世纪初，贝聿铭的先人花了9000两银子买下了苏州狮子林。今天的9000两银子在苏州连一套普通的住房都买不了。这个巨大的落差是完全可以看见的。也就是说，如果当初选择投资白银，到如今贬值得就太多了。

通货膨胀会侵蚀任何人的钱袋子，只要你没有做出正确的投资，你的钱袋子就只能被通货膨胀蚕食。关于黄金白银的例子也提醒我们不要轻信他人的观点。很多人都认为是好的，不代表是真的好；很多人认为不靠谱的，也不代表就真的不靠谱。凡事都应该根据自己理性和逻辑的分析来得出结论。比如，很多人认为黄金白银是好的投资，而且周围的人也都这么说。我们很难不受习惯思维的影响。但是，在你决定投资之前，能不能先把先前几百年、几十年的黄金、白银的价格拿出来看一看呢？如果发现事实完全不是这么回事，我想你也就不会去采取这个行动了。

理财产品的收益，不如说是标明损失

在前文中，我们看到了通货膨胀的巨大威力，即使把我们的现金换成了真金白银，仍然要受到它的侵蚀。时间一长，别说利息了，连本金也都所剩无几了。这让我们很自然地推导出一个结论，就是资金的名义增长率一定要高于通货膨胀率，才能至少维持资金本身价值不缩水。比如，我们购买了一款银行的理财产品，年利率是4%。而通货膨胀率是5%。那么，当年我们通过购买这款理财产品所得到的实际利率是-1%。对，你没看错，这个数值是负的。也就是我们说的负利率。购买10万元金额的话，一年结束后，名义上金额涨到了10.4万元，实际金额却是9.9万元。也就是说，我们虽然购买了这款理财产品，但自己的钱却反而减少了。当然，如果你不购买，偷偷藏在自家床底下，那么减少得将更多。

不要看钱本身的金额有增长就高兴。如果你的增长率没有超过通货膨胀率，那就是在损失钱。从这个角度来说，用这类理财产品来存放短期流动资金当然是可以的。但是，用于长期储蓄显然是得不偿失。它们标写的收益率与其说是告知我们得到了多少收益，不如说是明码标价地提醒我们一年将会损失多少。当你知道了这个秘密的时候，看一下你的货币基金（包括余额宝等都属于货币基金）

的昨日收益，如果昨天收益是 10 元，换一个角度说，昨天你就损失了 10 元。事实就是如此，这种收益事实上并不是收益，而是提醒我们损失了多少。如果你没有发觉，你的资金量就会慢慢萎缩，直到自己的钱袋子变得空空如也。

名义利率减去通货膨胀率，就是实际的利率。实际利率才是我们最关注的。当别人向你借钱的时候，提供给你的利率就是名义利率，减去通货膨胀率才是你得到的真实的利率。同样的道理，我们向银行借款，也是名义利率，比如银行按照年利率 6% 借给我们钱，减去通货膨胀率 5%，那么实际的利率只有 1%。当然，前提是你能让从银行借来的钱生钱，而不是将它们放在家里的保险柜里藏起来。

如果某项投资的年回报率是 10%，那么，它的实际回报率是多少呢？10% 的回报率减去 5% 的通货膨胀率，答案是 5%。5% 就是这项投资的实际回报率。

实际通货膨胀率是多少

为什么我将通货膨胀率假定为 5% 这个数值？目前，我们社会的实际通货膨胀率是多少，公众并没有办法确切地知道。所以，我们暂且假定为 5%，这其实不是问题的关键。问题的关键是我们要对通货膨胀有一定的认知。只要我们对通货膨胀有一定的认知，警惕它的存在，能够知道有这样的一个作用在发生，就已经够了。

发达经济体长久以来都有准确的数据记录，它们的通货膨胀率通常在年均 0~3%。发达经济体的通货膨胀率低于发展中经济体的通货膨胀率。这跟国家本身的发展进程有关。当我们采用一个较长的时间段，比如 200 年的时间维度的时候，把通货膨胀率设定为 2%~3% 是合适的，因为在这个维度内必须要参考社会总体的发展速度和经济体本身的发展。如果这时候将通货膨胀率设定为 5% 就明显偏高了，因为社会的发展速度没有那么快，而将通货膨胀率设定这么高，就说明社会在倒退了。而现实并不是如此，现实是社会在不断进步。从另一个角度说，如果在这个 200 年的时间跨度内，一个经济体还没有完成向发达经济体的转变，那么，这个经济体就属于经济黑洞了。然而，就我们而言，如果在个人创造财富上，将通货膨胀率设定为 10% 也是可以的。也就是说，如果真的想创造财富，对自己的通货膨胀率的要求应该是 10%。

知识需要指导行动

很多学了经济专业的人都了解通货膨胀的定义。但是，在现实生活中，当需要采取各种实际行动的时候，他们却往往对之视而不见。有了对通货膨胀的了解，能够随时调动对通货膨胀天然的警惕，我们在做事的时候，自然就会选择有利于抵御通货膨胀的选项。时间一长，和他人拉开的差距就会非常明显了。复利的最好朋友就是时间，再微不足道的细小差别，随着时间的流逝，复利都会把它雕琢成完全不同的样子。

当我们知道了通货膨胀无时无刻不在，我们在储蓄的时候就会选择尽量能够起到抵御通货膨胀作用的产品，在投资的时候就会考虑到通货膨胀的影响从而计算出项目的实际收益率，在买卖一些东西的时候就会尽量选择具有抗拒通货膨胀作用的产品……这一切思考足以让我们的选择更加明智，时间一长，还会让我们的财富越来越多。一旦我们知道了它的存在，你就踏上了寻找更多更好答案的道路。

第三节

平滑的曲线让大部分人放弃

如前文故事所述，安德生的投资有很多，他每年总会拿出一小部分工薪用于投资。时至今日，安德生已经拥有了一百多个每年给他源源不断产生收益的投资。他从来不去理会他的投资，任随它们自发增长。他在 26 岁时投的 1 万元钱，年利率为 10%。仅仅这一项投资，随着时间的流逝，为安德生带来了巨大的财富，其收益超过了安德生及其朋友们的想象。如果将这项投资的财富曲线展示出来将会更加直观，如图 2–1 所示。

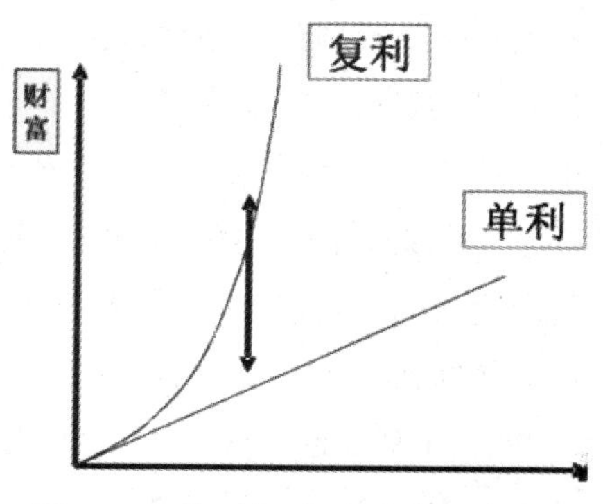

图 2-1 某项投资的财富曲线图

图 2-1 中的曲线就是复利曲线。从这一条曲线里，我们可以发现很多对个人创造财富非常有帮助的启示。

想要成为富人就要经历平滑的曲线阶段

观察图 2-1，你会发现这条复利曲线在起初很长的一段时间内近乎是一条平直的直线，在达到一个临界点之前，你甚至注意不到它有什么变化。这对于大部分人是有启示的——不要因为你的财富一直没有什么起色而气馁。绝大部分富人都要经过这个在外人看来平淡无奇的阶段。而外人不知道的是，这些尚未富的富人，早就摩拳擦掌，在正确的方向上做着正确的事了。我相信你身边一定有这样的人存在。因为富人虽然是稀少的，但也不至于少到你身边连一个都找不出来。但是，他们在正式成为富人之前，也很难被预测出来，甚至连他们的亲人都不相信他们会成为富人。原因很简单，致富是一门学问，并不是所有人都了解。不了解，自然也就不懂得；不懂得，自然也就无法判断。这是很正常的。

我们经常听说，赚第一个 100 万元和第二个 100 万元的难度是不同的。前期的资本积累阶段是必经的。在复利曲线的某一段，貌似平滑的曲线并不是一条直线。能否拥有财富，以致能否实现财富自由，所有的落脚点实际上都回到这条曲线上面。富人通过在正确方向上的努力，让自己的道路是一条复利曲线；而穷人呢，他们可能在行动上一点也不比富人懒惰，但他们是思想上的懒惰者，他们努力的方向是有问题的，以致让他们的道路真的只是一条直线。

复利曲线的前段我认为是最鼓舞人心的。因为当你感到沮丧的时候，当你遭受挫折的时候，不要忘了自己的目标。只要你正在正确的方向上努力做事，时间就是你最好的朋友。随着时间的流逝，复利作用的不断产生，你前期的投资就像滚雪球一样不断一层又一层地壮大着。

复利曲线起初很长的一段平滑线段，正是所有财富创造者都需要经历的阶段。只要做出了投资，并且这项投资给你带来了每年10%的复合增长，你就可以实现曲线的后半段。关于这类投资实际上有不少，甚至包括了不需要耗费你精力的品种，也就是投资完就不用管的品种。关于这些，本书在后文还会有详细讲解。现在你只需要知道这种回报率的投资对你的要求是不高的，也就是说，只要你愿意做，是完全可以做到的。

大部分人会选择放弃

复利曲线初始增长缓慢，但若达到一个拐点，其增长速度十分快。问题的关键是你能否有耐心、有毅力、有决心等待度过这条平滑的线段。太多的人永远在这条平滑的线段内打转。他们不可能享受到复利曲线带给他们真正的益处。你是否能规避霍夫曼的念想呢？霍夫曼总是把他的利息拿去用掉，甚至一直想把本金也花掉。也许隔了一段时间，当霍夫曼看到安德生因为复利曲线竟然能获得如此多的财富，他又遵循安德生的建议开始了新的投资；抑或是隔了一段时间，霍夫曼又痛定思痛，觉得不能再这么以体力换金钱地工作下去了，所以他又投了一笔钱。但是，没过多久，他又重回老路，再次把他的利息甚至本金全部花掉了。如此来回折腾，霍夫曼永远在复利曲线的前半段平滑的线段内打转。可是，人的生命是有限的，我们能够来回折腾的次数是有限的。这种来来回回、反反复复的折腾，正是大部分人对待投资的写照。人无远虑，必有近忧。大部分人对投资抱有的态度，决定了他们真的没有办法享受到复利的好处。复利需要时间，并且，复利效应才是实现创造财富的关键。复利是一个平凡的人也可以实现财务自由目标的最好路径。

“短、平、快”敌不过复利

单纯地追求“短、平、快”是大部分人对于赚钱的写照，过于心急火燎，自然不能够积累强大的能量，即使偶尔有一两次高收益的回报，也无法和每年的收益递增 10% 相媲美。魔鬼经常使用各种诱饵，诱惑那些无知的人。如果在 30 年之中，你为了每年偶尔获得 50% 甚至 100% 的回报，而放弃选择年复利增长 10% 的项目，这真的是太不划算了。因为前者即使实现了，也是线性增长，而后者却是复利增长的。何况为了 50% 甚至 100% 这种超高的投资回报率而冒的风险也是需要考虑的，一次失误可能就会导致在投资上的惨败。你的投资主体一定要依靠每年 10% 或 10% 以上的复利增长项目。当我们把时间拉长，或者将风险因素考虑进去，就更明白了选择复利增长的投资项目远远优于单纯靠心惊胆战赚几笔高回报的项目。还有一个原因也是很少有人考虑的，就是单纯靠赚几笔 50% 或者 100% 回报的投资（这里我们先不考虑能不能赚到钱的问题，或者是否因为这么操作而直接损失本金的问题，而假设能够做到几次），仍然属于靠体力赚钱的方式。我们为了获得这种超高回报的项目，必须要消耗自己的时间和精力，这仍然属于靠体力赚钱的方式。而自动增长的复利项目却不需要我们操任何心，并不需要我们本人在场或者参与什么工作。我们的钱在辛苦地为我们赚钱，并且，这些勤劳的钱生出来的钱又在源源不断地为我们赚钱。这才是实现财务自由的路径。

当我们不需要花心思、时间、精力在这些复利增长项目上面的时候，我们可以花时间在度假上，或者，把这省下的时间用在赚更多的钱的项目上。无论如何，这都是我们自己的选择。我们可以这么做，也可以那么做。这是只靠体力赚钱无法实现的。

如果靠体力赚钱，即使年轻力壮的时候能赚很多钱，这之后的路，难道就停止脚步了吗？我们在前文已经提到通货膨胀对于资金的蚕食作用，即使我们不花一分钱——这显然是不现实的——我们的资金总量也在不断缩小。坐吃山空的行为，大部分人在心理上也是接受不了的。

10%成就了90%

只要我们投资了一个复利项目，只要我们能够不动用它的本金和利息，我们的资产一定会呈现复利增长，长期坚持之后的结果将是非常惊人的。你可以用每年工薪的一小部分投资这类项目，如果坚持每年投资的话，你会拥有很多此类项目，你的资产将会更加惊人。虽然道理是如此简单，但显然没有几个人能够做到。即使你告诉了大部分人公式、曲线以及明确的结果，但大部分人更愿意相信自己的直觉。当他们正处在复利曲线的一个很长的平滑阶段的时候，往往会忽视资产所自动产生的微薄利息。虽然你可以明确地告诉他们复利是如何重要，但他们在实际生活中面对微小投资所带来的微薄收益时，还是对复利没有感觉。他们往往会以生活开销为由用掉此部分利息，或者当需要用钱的时候，立马将之前攒下的投资直接退出。这些都会导致复利曲线的延续戛然而止。投资在他们看来更像是一个临时的储蓄，或者临时增加自己日常消费的一个手段。

投资的思维是可以培养的，首先从认识复利开始。为什么如此心急火燎地用掉自己投资所带来的收益乃至本金呢？这部分投资本来就是你工作收入的一小部分而已。即使你丢掉它不管，也不会影响到你的生活品质。但是，丢掉它不管，却会为你逐渐开凿出一条自动收入的“河流”。一个普通的工薪阶层可以完全有机会实现财务自由的路径，便是参与长期的复利投资。

无论怎么苦口婆心，甚至列出各种公式、数据、曲线，展示复利曲线的强大力量，解释为何要了解、接受复利曲线前半段的平滑曲线，大部分人仍然无法忍受自己的投资在很长一段时间内看不见什么明显变化的现象。他们总是急匆匆地将自己多年前的投资变成现金，然后消费掉。其实好好想一下就知道了，大部分人根本不可能拿出自己的大部分收入用于投资，他们的投资是非常少的，而不是过多的。这么小比例的投资根本不可能影响他们的生活质量。一个人减去自己收入的10%是不会影响自己的生活水平的，为什么不将这10%用于开凿自己的自动收入“河流”呢？其实，少了这10%的收入对一个人的影响是微乎其微的，但有些人却因为这无关大局的10%让自己变得更富裕，甚至实现了财务自由。我想：即使大部分人辛苦工作一辈子也是无法实现财务自由的。换言之，他们用掉了自己100%的收入也无法实现财务自由，但有一个机会，只要他们用10%的收入建立自己的复利通道，他们就可以变得更富裕，甚至实现财务自由。所以，当我们投资一个项目的时候，就应该假设把这部分钱扔掉了，它已不属于我们了，这样才能让这部分投资尽情地实现复利的作用。也可以认为自己对这部分钱有所有权，但没有使用权。我们对它有所有权，所以，我们会有安全感；我们对它没有使用权，所以，对它从来不抱非分之想，包括期望动用它购买一支新唇膏都是痴心妄想。相信我，少掉这10%的收入，不可能对我们的生活产生什么影响。任你的这10%收入自己去实现复利增长吧！它所带来的财富将比你辛苦劳碌一辈子所赚来的钱还要多得多。

既然没有了动用资金的念头，那么，复利曲线的前半段平滑曲线部分就很容易熬过去了。假如真的了解了、想通了，有了不动用这笔资金的念头，这段时间根本也谈不上熬。公式、数据、曲线不会忽悠人，它们是现实存在的，一直在发挥着作用。随着时间的流逝，现在的复利曲线的平滑部分终将会发生巨大的改变。

第四节

拐点来临

在复利曲线到达一个临界点之前，我们几乎感受不到它的力量。生活总是平平淡淡地向前走，直到过了这个临界点，我们才逐渐回过味来——自己的财富开始大幅地往上涨了！

复利开始超越体力收入

当拐点来临，复利产生的收益开始显示出它强大的力量。刚开始的时候，你还和以前一样，不曾关注自己的复利投资。第一年复利带给你的收益是你年薪的 1/4；第二年可能就是你年薪的一半；第三年就变成和你辛苦工作一年得到的所有收入差不多了；到了第四年，复利产生的收益已经远远超过你靠出卖体力辛苦一年所赚来的所有收入之和了。

每个人会因自己的投资项目不同而有不同的感受，但大的方向是没有任何差异的。人相应产生的感受也都是如此。你原本一直平平淡淡地向前走，直到你发现似乎最近两年的复利收入超过了你的预期，这才慢慢回过味来。

你前期的投入现在开始产生了回报。这个时候，你和同事或者朋友已经产生了巨大的差距了。现在的这个差距，你的同事或者朋友们不是靠单纯努力工作就能够追赶的了。因为他们的体力是有限的，体力所能带来的收入也是有限的。而你的复利曲线可不会停止，它会继续加速地往上涨。

这个时候，实际上你已经有了两份可观的收入。一份是你靠出卖自己的体力赚钱，这也是你一直以来在做的；第二份收入就是你的复利给你带来的。原来的你不好意思承认复利给你带来的收入是你的第二收入，因为它带来的收入只占你工薪收入的一小部分而已。而现在的复利已经不能够让你小看它了，它已经和你的工薪收入持平。更为重要的是，你的体力是有限的，你在职场里的升职是有限的，你的某项生意的发展也可能是有限的，所以，当你到了一定阶段，你的体力收入就开始止步不前了。这就是通常人们说的收入天花板。大部分人都会碰到。但你的复利曲线却不会停止。它仍然在源源不断地产生收益，而且更关键的是，这份收益每年都在加速上涨。

能为而不为是真自由

再过几年，你靠复利的收入已经远远超过你通过工作所带来的收入了。这个时候，你就可以体会到什么是躺着也在赚钱的节奏了。当然，对于一个追求进步的人来说，懒惰是可耻的。虽然如此，但是，一个人“能做而不做”和“不能做而只能不做”是有本质的区别的。一个人考上了大学而选择不去读，和没有考上只能不去读，虽然在结果上是一样的——都是没有去读大学——但背后的差距却是巨大的。

复利曲线也是如此。即使能够躺着赚钱，依然选择通过自己的工薪养活自己，和只能靠自己的工薪养活自己，是完全不同概念的。虽然都是靠工薪养活自己，但前者有选择的自由，而后者只能接受现实。

当某项投资的复利随着时间的流逝逐渐越来越大时，这部分收益中一小部分可能也比你辛苦工作一年所赚来的收入还要大。当然，我们并不建议动用你的复利收益，因为你仍有靠自己工作所赚来的薪水，以及其他渠道能够赚来的钱。靠这些养活自己，其实也就足够了，不去动用自己的复利所产生的收益，让它们一直为你带来复利收益吧。换个角度想一下，你当时只投入了很小的一部分，现在却获得了这么多。对你的成本来讲，你只是在当时付出了你工作收入中的很小一部分而已。其实，当你做到这一点的时候，你就更能想明白。在没达到那个地步的时候，我们的大脑仍然被现实的财务困境所缠绕。所以，实在想不明白的时候，就先不要想了，只需要坚持不动收益和本金即可。现在的你可能还没有开始进行复利投资，到时候的事自然到时候去想也行，一路之上你自有答案。即使到了那一步，你取出每年收益的一小部分花掉，自然也比你的工作所带给你的收入要大得多。但是，当你尚未到达临界点，而尚处在平滑阶段的时候，一定不能够动用你的投资收益和本金，这一点你需要牢记。因为它们正在积累能量，不要去打破它们。

第五节

时间是复利最好的朋友

时间是雕刻一切的工具。无论是正向还是逆向，时间都会把一件事物雕刻成和原本截然不同的面貌。

在财富领域，时间自然也是非常重要的。富兰克林说“时间就是金钱”，这说明他对时间的价值有深刻的认知。

复利是创造财富至关重要的力量，而时间是复利最好的朋友。复利曲线需要时间的积累，才能够汇集强大的力量。没有足够的时间积累，复利就无法爆发出它巨大的能量。开始得早，在财富领域很重要；开始之后，不要停止，在财富领域更重要。“早”和“持续不断”是对复利在时间上的具体要求。因为时间是复利最好的朋友，换而言之，这个等式可以更换为：“早”和“持续不断”是复利最好的朋友。

利息是金钱增值的表现

金钱在时间流动的过程中自然会产生增值。所谓利息就是金钱增值的表现。“钱更值钱了”意思就是借钱所需要支付的利息高了；“钱便宜了”意思就是借钱所需要支付的利息低了。利息是衡量一笔金钱价值的判断坐标。总的来讲，一笔钱通过人们的运用产生的利息总额越多，就证明这笔钱越有价值。所以，不同的钱在不同人的手里价值大小是不同的。我们之前已经知道了安德生和霍夫曼的例子，同样的1万元钱，安德生的所得要比霍夫曼多太多了。这就证明安德生的这笔钱的实际价值要远远高于霍夫曼手里的钱，虽然表面上它们都是1万元钱。

随着时间的流逝，金钱本身就会增值。所以，借钱要付利息是一件天经地义的事情。因为这笔钱如果不借给你，他人就能用在别的地方产生收益。这一点是毫无疑问的。即使再不了解投资的人，只要有一些理财观念，都会把多余的闲钱放在货币基金里。更别提那些热衷于复利投资的人群了。

占用了他人的金钱，不仅仅是占用了金钱本身的数字金额，更是占用了这部分钱原本可以用来获取利息的机会。这种机会的损失虽然不是明确印刷在银行存单数字上的，却是实实在在存在的。不信，你可以自己做一个实验：现在拿出1万元钱，存在货币基金里，比如今年一年的利息是400元。那么，你在年末就得到了这400元的利息。如果你免费将这1万元钱借给他人，那么，这400元钱就根本不会出现在你的银行账单上。也就是说，你因为免费借给他人1万元钱，导致你今年损失了400元钱。这400元钱就是你借钱给他人的损失。那么，如果你免费借给别人不是一年，而是两年呢？那么，你的损失是多少呢？你的损失是今年1万元钱产生的400元利息，再加第二年的利息。注意，第二年的利息不再是400元了。如果你这么思考问题，就证明还没有让复利思维占据你的大脑。第二年的利息是在 1 万元加 400 元的基础之上计算的，也就是 416 元。所以，这 1 万元钱对于你来讲，如果你免费借给他人两年时间，那么，你的损失就是 400+416=816 元。

你可能还会有疑问，为什么要用复利的思维思考这些呢？为什么单利就不行呢？假如我得到 400 元直接花销掉，不就没有这第二年多出的 16 元利息了吗？这里，你要注意，在财富领域，在金钱领域，所有的计算都是建立在复利模式之上的。如果你没有用复利的思维思考，并不代表复利不会对你产生实际的作用。只是你在承受损失，而你自己不知道罢了。就比如重力的存在不会因为我们承认或不承认它而发生改变。假如我们不承认有重力的存在，那么就造不出符合科学原理的飞行器。财富领域也是一样，假如我们不承认创造、积累财富的规则是建立在复利模式之上，而是建立在单利模式之上，无论我们怎么努力也无法拥有巨大的财富，更不可能实现财务自由。这和生活中的很多道理都是相同的，比如建筑学有建筑学的基本原理，如果我们不遵循它，偏要违背它，那么房子就盖不起来，或者刚一盖好就塌掉了。

钱生钱，远比靠体力生钱好得多。占用了他人的金钱，就是占用了他人的生钱通道。他人损失的绝不仅仅是借的那笔钱暂时不能动用而已，而是包含了这笔钱原本可以用来增加的钱。

时间影响金钱的价值

很多人认为今天的金钱和昨天的金钱是相等的。抱有这样的思想，就代表了没有了解到时间和金钱的紧密关系。在金钱领域，时间无时无刻不在影响着金钱的实际价值。时间在流动，金钱的价值也在变化。时间是金钱的最好伙伴，时间可以让金钱的复利增长，也可以让金钱的复利减少。复利通过时间才能发挥出巨大的作用。

从短期来看，复利的影响是十分微弱的，你可以对它视而不见。比如，上文提到的第一年400元的利息和第二年416元的利息有什么不同吗？16元钱对谁都不是大事。一年这么漫长的时间，差别仅是16元钱，我想如果是对复利的力量没有足够了解的人，都不会意识到这有多么重要。

美国诗人罗伯特·弗罗斯特创作过一首脍炙人口的诗歌——《未选择的路》，描写了林中两条路的诗意景象。诗的第四节说：

我将轻轻叹息，叙述这一切，

许多许多年以后：

林子里有两条路，我——

选择了行人稀少的那一条，

它改变了我的一生。

关于复利在时间维度上的认识，对于我们来说，也是如此。大部分人的思考模式是单利的，所以他们疲于在“认真工作+储蓄”的圈子里奔跑，而不知道这是一条没有尽头的圆圈胡同，即使再努力，也无法摆脱贫穷的引力。少数人的思考模式是复利的，他们知道时间和复利是亲密无间的，时间是复利最好的朋友，所以他们跳出了圆圈胡同。在正确方向上的努力，即使再微小，也比在错误方向上没日没夜地蛮干产生的价值大得多。

时间不是固化的，时间是流动的，并且是一去不复返的。换言之，时间的箭头是单方向的，时间的箭头是不可逆的。这和空间的概念有很大区别，我们可以爬上一座山，也可以行走到谷底，山谷对我们来讲都是可以来回穿梭的。但对于时间我们却是无能为力的。当时间流逝了，就永远不会再回来了。总之，时间的大河奔腾向前，一去不复返。我们每个人都生活在时间的长河里，没有人能够跳出时间这条河流而置身事外。所以，我们一路上做什么事都要慎重，要有规划，因为时间一去不复返。

开始得“早”很重要

对于能产生复利的那些投资来说，开始得“早”非常重要。如果你在20岁的时候开始投资一个1万元的年利率为10%的项目，那么，到你70岁的时候，这笔投资经过50年的复利增长，已经价值117.4万元了；如果你是30岁开始，那么，当你70岁的时候，经过40年的复利增长，这笔投资已价值45.3万元；如果你在40岁开始的话，那么，当你70岁的时候，这笔投资经过30年的复利增长，价值17.4万元，如图2–2所示。

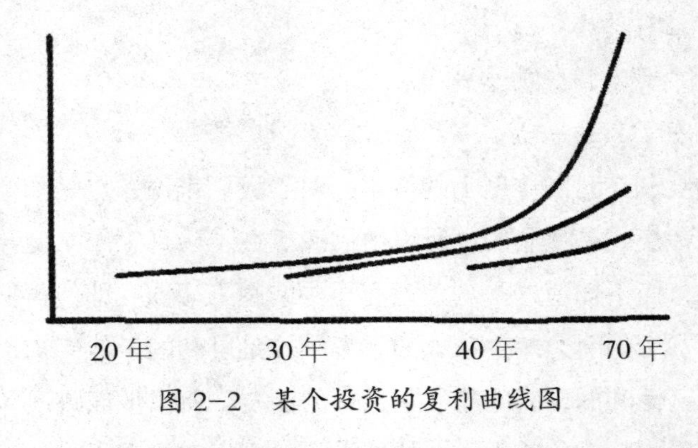

图2–2 某个投资的复利曲线图

从图2–2中，我们可以看到，虽然只相差10年时间，但是从20岁、30岁、40岁这3个时间点开始，到70岁投资所带来的回报，相差的并不是短短10年的差距，而是呈倍数级的差距。这就是复利的特点。复利增长的特点就是不呈线性关联的，每一次增长都是在原来积累之上的再一次增长，之前赚到的钱仍然在给你赚钱。这跟我们直观上的想象不同。虽然在时间上只相差10年，但是在结果上却相差两倍还多。而且，随着时间的流逝，比如到80岁的时候，这个差距的倍数还将更加大。仅仅从养老角度考虑，这笔1万元的投资意义也是十分巨大的。换个角度，如果你是靠日常的积累攒下一百多万元用来养老，再多几笔这样1万元的复利投资，那么，普通人的老年生活也会非常惬意了。人们可以通过年轻时的复利投资让年老时享受高质量的生活，而不需要指望子女或者靠平日辛苦攒下的一笔一笔的钱。很多老年人的悲剧正是因为“养儿防老”的观念所致。他们年轻的时候抚养子女，将钱全部花在子女身上，指望自己老了以后有子女照顾。可是，先把孝心放在一边。倘若子女生活得不好，自己小家庭的日子过得都紧巴巴的，你能指望他们拿出什么像样的抚养方案呢？而且，伸手要钱向来都是求人的事。倘若金额过大、次数过频，时间一长，被求者难免会心生厌倦。求人不如求己。与其将老年生活的财务安全建立在儿女的孝顺上，不如构建自己的养老保障更安稳。而且，通过我们讲述的复利投资，这也不会影响到我们平日里的生活开支。

一个人开始复利投资的时间，从 20 岁开始和从 30 岁开始，差距是巨大的；从 30 岁开始和从 40 岁开始，差距也是巨大的。在复利投资方面，开始得越早，能够享有的成果就越大。这个结果的庞大，不是我们的传统观念里理解的开始得早，就早存了几年钱这么简单，而是得到了倍数的放大。

没有什么理由让我们仍然闲在那里空等天上掉馅饼了，及早行动才是重要的。即使没什么远大理想或者没想成为富人，也要为自己的老年生活负责，为自己的养老负责。把自己的养老希望和责任交给子女是愚蠢的。人需要掌握自己的命运，将自己的命运交给别人，无异于听天由命，显然不是一个明智的选项。

做复利投资是实现财务自由最重要的一步。而复利投资的一大要求，就是需要你及早行动。每迟一年开始，你的收益降低并不是仅仅一年的差距。试想一下，在 20 岁动身的年轻小伙子和一个在 40 岁才开始行动的中产，1 万元对于他们来说都不是问题。但是，前者在 70 岁的时候可以得到后者当时金额的 7 倍左右。所以，越迟开始，复利的作用就受到了越大的限制。不论现在多么繁忙，不论现在多么困窘，都应该留出自己收入的10%用于复利投资。除非你认定靠现在的体力工作或者攒钱，能够让自己获得超过复利的回报，这种可能性显然是太小了。而且，即使使出浑身解数超过了复利投资的收益，又有什么意义呢？很多复利投资的项目根本不需要你去分担精力，你仍然可以在享有复利投资收益的基础之上努力拼搏。

也许有些读者在看到这里的时候会想到，自己还没有开始复利投资是不是就太晚了。答案是：在正确方向上的行动永远都不算晚。不可能因为走错了路，就要一直走下去。那样只会离我们的目标越来越远。

总之，无论你现在的年龄是多大，知道了复利投资，就需要尽早地行动起来。

持续不断的力量

对于复利投资来说，“持续不断”的作用举足轻重。“持续不断”和“早”共同构成了复利的时间价值基础。

一项复利投资早早地开始，却中途结束，所产生的能量是不足的。虽然相对大部分人靠工作赚钱，这已经算是很大的跨越了。但是，如果希望实现财务自由，就一定不能中断你的复利投资。

从另一个角度去理解，“持续不断”不仅指是保持一项不动用它的本金和利息的投资；而且，保持每年都投资一个以上的新项目（也可以是原先的老项目继续增加投资本金）。这样一来，我们就可以更早、更快、更为轻松地实现财务自由。

还记得安德生的故事吗？他是一个拿着工资的普通人，通过复利投资，他实现了财务自由。他并没有什么豪赌一把、大起大落、跌宕起伏之类的行为，他的例子诠释了一个普通工薪阶层照样可以实现财务自由。他的法宝除了不中途退出投资之外，另外一个重要的观念就是能够坚持每一年都不断地投资新的项目。

安德生从22岁开始每年投资一个1万元的复利项目，年利率均为10%，那么到他70岁的时候，经过了48年的发展，这48个项目总共价值多少呢？价值1056万元。

在48年的时间里，安德生每年只花了自己工资中的一小部分——1万元，而在70岁的时候他获得了价值1056万元的财富。在这48年的时间里，他每年投入1万元，总共投入的成本只有48万元而已。这就是持续不断的力量。

很多年轻人也许对70岁没有概念，认为那离自己太遥远了。但是，人都是要老的。在年轻的时候不为年老时做打算，等年纪大的时候，就要吃苦头。年轻的时候，血气方刚，赚钱也容易；年老的时候，气血衰退，赚钱很困难。没能在年轻的时候为年老时准备好过冬粮储，将会是非常悲哀的。不信你可以看一下身边的老人的生活，是否是你想要的。如果不是你想要的，而你又在做着他们以前同样在做的事情，却期望得到不一样的结果，是不是有点自欺欺人呢？

如果安德生采用的是“认真工作+储蓄”的思维，按照每年能够存下1万元的储蓄，到了同样的时间，他的账户上总共也只有48万元而已，这和1056万元完全不是一个概念。更重要的是，安德生没有那么傻，他在年老时即使需要花钱，也不可能把1056万元投资全部取出。他的投资现在一年给他带来的收益就是一百多万元，他只需要取出每年收益之中的一小部分就足够自己用了。于是，存续的资金仍然在源源不断地为安德生带来收益，让他的复利投资越滚越大。所以，在安德生年老的时候，丝毫看不出和普通老年人一样的状态。实际上，他过得比他年轻的时候还要好，他的收入也比他年轻的时候辛苦干一整年所赚的钱还要多得多。

“持续不断”在复利投资里的地位举足轻重。因为采用这个方法可以使你的投资扩张的速度更快，能让你提早步入财务自由的行列。安德生就是这么做的。每年投资1万元，对于大部分工薪阶层都不是问题。通过每年持续不断地投资，工薪阶层也可以做到财务自由。如果我们只投资一个1万元，或者等到心情好的时候再投资1万元，虽然比不进行复利投资的人要好得多，但和“持续不断”的复利投资者比较起来，差距还是很明显的。

保持每年都将收入的10%投入到自己的复利投资里，从结果上看来，是非常重要的。“持续不断”在复利投资里有两层含义：第一是保证不要动用你的收益和本金；第二是保证每年都往你的投资里继续新增投资。这样你便可以更早、更快地实现财务自由了。

只要我们在正确的方向上做事，时间就是我们的正向雕刻机。时间是复利的好朋友。“早”和“持续不断”是任何人都可以做到的。这没有什么难度，只等我们开始行动。

第六节

一定要绑上复利：汇丰银行

长期来看，做什么事都没有做能够获得复利投资的项目赚钱。没有什么比自己没有走上复利的道路，没有把自己和复利绑在一起，更让人焦虑的了。在现实生活里，有很多复利投资的项目。对此，我们要谨慎选择。实际上，对于长期投资的复利项目来讲，各项标准还是较为简单的。因为只要我们抱有长期复利的选择标准，就会自然而然地避开很多投资的陷阱。大多数的坑都是为试图赚取短期暴利的人挖的。只要符合一些基本的条件，我们就可以进行长期的复利投资。

一个半世纪的汇丰银行

关于复利投资方面的例子很多，随便拿出来一个，都可以让人叹为观止。汇丰银行便是众多中的一例。

汇丰银行，全称香港上海汇丰银行有限公司，成立于1865年，至今已经有一百多年的历史了。

在漫长的历史进程之中，汇丰银行经历了无数艰难险阻，但仍然一路发展过来了。那些惊涛骇浪包括：19世纪时期，红顶商人胡雪岩曾和汇丰银行合作借钱给左宗棠作为军资，李鸿章得势后，胡氏被抄家，汇丰银行这笔巨资也受到了损失；辛亥革命后，北洋政府对清政府欠下的所有债项全部不予承认，而和清政府关系紧密的汇丰银行也难逃重创；第一次世界大战期间，汇丰银行的业务曾暂时中断，随着战争的结束，其业务才慢慢恢复正常；第二次世界大战时期，香港沦陷，日军将汇丰银行在香港的资产全部充军，损失也很大。进入战后的汇丰银行同样也没能逃脱每一次全球或亚洲经济风浪。1994年，墨西哥等新兴国家债务危机；2001年，阿根廷经济危机；1998年，亚洲金融危机；2007年，美国次贷危机……时至今日，历经一百多年世事变迁的汇丰银行，丝毫看不出来老态龙钟的样子，它仍然蓬勃地在全世界发展业务。

从成立至今，投资一股汇丰银行的收益率是多少，根据各种方式的计算，虽然在结果上有少许不同，但平均年复合收益率12%是有的。这是实际的收益率，也就是已经考虑了股票分拆以及加上了派息。

12%是什么概念呢？之前我们已经体会到了10%利率的威力，那么，汇丰银行实际比年复合收益率高了两个百分点。如果我们在汇丰银行成立之时投入了1万港元的本金，那么，经过了一百多年的复利翻滚，现在价值是三千多亿港元。我再举个坐标，你就知道这个数值有多大了。2018年，胡润研究院发布《2018胡润全球富豪榜》，马化腾以2950亿元正式成为全球华人首富。也就是说，当时的1万港元只要投入汇丰银行，不去动它的本金和收益，现在那个家族的后代的财富已经可以和华人首富相提并论了。如果你认为1万港元太多，好吧，那就10港元好了，如果说10港元还多，那就没有办法了。当时投资了10港元到汇丰银行，现在价值多少呢？3.4亿港元。10港元不过是一小袋米的钱，当时能够拿得出来一小袋米的钱的人绝不在少数；现在的3.4亿港元又有几个人能拿出来呢？在这一百多年间，你干什么能比这个赚钱呢？与其说是汇丰银行强大，不如说是复利投资的强大。

频繁交易满足快感，却带来损失

和长期复利投资相反，更多的人喜欢交易的快感，更多的人喜欢频繁的交易，并期望以此获得大额利润。如果通过投机交易，就算你及你的后代在一百多年间运气特别好，每隔一段时间就能通过投机交易赚一笔钱，而且从不赔钱，这也只是线性增长而已啊！我们已经知道了线性增长和指数增长的巨大区别，何况现实生活中可不会有这么好的运气，投机的人，即使先前赚了10笔，倘若最后一笔失误，就可能让他一贫如洗了。长期的复利投资是稳定的，可预期的，是建立在坚实地基之上的，而不是空中楼阁的投机。

长期复利投资确实是无聊的。因为只要你选择好了项目，投入了资金，然后你就啥也不用管了。你该吃吃，该喝喝。你自己明确地知道明年会有多少收益，后年会有多少收益，到哪一年会有多少收益。但投机不同，投机者和赌徒实际上没有本质区别，赌徒进入赌场的时候，总感觉奇迹有可能会降临在自己身上，可能这一把就赢了个大的。但是，即使运气再好，赌多了就没有赢家。何况运气是令人无法把控的。重点是当他们进入赌场的时候，他们感觉到自己的身上有可能会发生奇迹。这个感觉是投机者之所以更喜欢投机交易的原因。其实，我们都知道，即使奇迹降临了，你还是没有长期进行复利投资者赚的钱多。例如，汇丰银行的股票是市场公开交易的。任何人都可以购买，任何人也都可以随时出售。这样一个机会放在那里一百多年，一直到今天。除了你自己不想去买以外，没有人阻止你购买汇丰银行的股票。何况汇丰银行只是众多复利投资项目的其中之一而已。现在还能说自己没有机会吗？除了我们自己不想做之外，找不到其他理由了。

高派息股票的作用

汇丰银行的一大特点是稳定派息、高派息。所谓派息，就是公司对股东的分红。也就是上市公司将所赚得的利润，以现金形式，直接发放给股东（股票持有者）。

汇丰银行的派息非常稳定，以近几年的数据为例：一直是每股将近四港元，其赚得的一半左右的利润用于直接派息。也就是说，通过投资汇丰银行的股票，你还获得了每年稳定的现金流。比如，以2018年3月2日的汇丰收盘价每股77.2港元计算。持有1000股汇丰银行的股票的话，成本是1000×77.2=77200港元。不管今年股价如何波动，汇丰银行今年会向你派息4000（1000×4）港元的现金。那么，当年的派息就已经占到你当年投资成本的5.2%。相当于你购买了一只货币基金，当年向你支付了5.2%的利息一样。当然，根据你购买时股票的价格不同，这个比率会有高有低。即使如此，这个比率也很高了。而且,从长期来看,你的股票本身的价值还在一路往上涨。

举一个虽然不恰当但非常便于理解的例子就是：购买了汇丰银行的股票相当于购买了一套商品房同时将它出租了出去。每年的租金就相当于是汇丰银行对你的派息。这是直接发放现金给你的，而且每年都很稳定；房产本身价格的上涨，就相当于是汇丰银行股票价格的上涨。上涨的价格虽然不是每年发现金给你，只是账面上的，但你一旦出售，还是获利颇丰的。而且和房产不同的是，汇丰银行的股票经过了长达一百多年的年复合 12% 的增长，这是经过历史检验的；更重要的是，公司的经营和房产不同，公司是参与市场主体竞争的，最大限度地分享了社会进步的好处。股权投资从长期来看就是能够享有复利增长的投资；汇丰银行的股票随时可以买进，也随时可以卖出，但房产属于大型固定资产，买卖的时间和价格都存在着很大的不确定性。当然，你收到汇丰银行的股息后，可以有两种选择：第一种是继续将股息用于购买汇丰银行的股票，这样你就可以长期实现 12% 的年复合收益率（即使你不购买，你的长期年复合收益率也是 8% 左右）；第二种是用于自己的生活开销、购买其他的股票品种或者用于其他投资。

汇丰银行的稳定派息、高派息的特点，可以让汇丰银行的股票成为我们整个资产布局之中的重要一环。原因在于派息的特点所带来的好处。第一，派息是稳定的现金流。股价在短期之内的波动是剧烈的，但派息是稳定的。比如，年初的股价是 70 港元，年末可能是 100 港元，也可能是 50 港元，但我们总能收到几港元左右的派息。依靠收息，投资者也可以渡过股价波动的惊涛骇浪。这就是稳定的现金流，这本身就是非常宝贵的。第二,万一自己丢了工作，汇丰银行的派息也可以维持一家人的生活。

动手开凿自己的自动收入“河流”的意义就是如此，虽然你平时绝不会去动用它，一旦你需要动用的时候，它就会给你提供强大的后援支持。这能够让你安然度过人生中的重大挑战。相反，如果没有稳定派息、高派息，那么，就只能卖出股票获得现金流，但股票却是越卖越少的，直至最后一股卖光为止，你就没有办法继续获得现金流了。稳定派息、高派息让你不用出售股票，也能够获得现金流。

一定要驶入复利的快车道

我们一定要驶向复利的快车道，无论我们现在在做什么，这都是最为重要的一件事情。如果我们没有使自己驶向复利的快车道，我们就会和这个世界的发展脱节，跌入社会的最底层。这就是最残酷的现实，但不能因为其残酷我们就否认它。社会广大的最底层只能通过出卖自己有限的智慧和体力去换得一碗口粮。这碗口粮的额度是极有限的，只能勉强维持最基本的生活所需而已。但是，请注意，这里没有任何对底层人民的歧视。我们应该问问自己，是谁把我们限制在这个只能靠有限的智慧和体力才能取得收入的层面？汇丰银行的股票就明晃晃地放在那里一百多年了。你是否行动了呢？在遇到问题的时候，少想一点别人的错，少想一点社会的错，多想一点能否把自己该做的做好。我们才是自己的主人，才应对自己的贫富负责的。如果连自己都不想为自己担负责任，还能指望别的什么人对我们负责任吗？这样想才能改变局面，否则，只能在原地打转。除了我们自己的观念，没有人来限制我们应该有一个怎么样的收入。我们自己的观念才是我们最大的对手，也构成了我们自己最大的枷锁。

我们应该改变自己陈旧的观念，开始学会复利投资。当我们执行的是长期复利投资，我们晚上睡觉都可以很安稳，我们平时的心态一点也不焦躁。因为我们明确知道自己不是在冒险，而是在获得非常稳定的预期回报。即使短期内股票市场的波动是剧烈的，但从长期来看，对我们毫无影响。并且，有波动才会有机会。剧烈的波动其实为我们的投资提供了机会，每隔几年，当熊市来临的时候，股价便会大幅跌落，这时候不要恐慌，这恰恰是我们入市购买的良机。这就相当于是市场里的大甩卖：这个时候商品的价格都在打折。对于长期投资者来说，入市的最好时机就是在熊市的时候，我们喜欢以打折的价格购买日用品，而对于股票，我们的态度也是如此。如果你也能做到以这样一个打折的价格来购买股票，那么，你的长期复合收益率会比我们上文提到的市场平均收益率还要高。这显然是非常可观的。

总觉得这事和自己没关系

如果不知道复利投资的好处倒也罢了，为什么知道了这个道理，但是去执行的人少之又少呢？大概世界上人们贫富的分水岭也来自于此。总觉得这事和自己没关系，显然是符合自己的生活习惯的。

当新一波全球经济危机来临的时候，股市由牛市转入熊市，股票的价格一落千丈。以美国股票为例，每次经济危机来临的时候，美国股票都会跌掉50%左右的市值。这在那些长期进行复利投资的人看来，简直是期盼已久的绝佳机会。这时的股票价格都在打折。这种机会可不多见。通常经济危机都是每10年左右爆发一次，也就是说，每10年左右才会遇见一次这样的机会。所以，当这样的机会来临的时候，就要把握住。但是，在经济危机爆发的时候，为什么股票的价格会暴跌50%左右呢？价格下跌，证明还是卖的人多，买的人少。为什么卖的人多呢？举一个简单的例子，经济危机导致他丢掉了饭碗或者生意亏损，不得不清仓股票。但是，也有一部分的人是因为恐慌而抛售股票。这时候的媒体成天报道这次经济危机是多么严重；股票市场如何崩盘了；某一只股票又跌了多少；某人因为股票跌了而跳楼了之类的。整个媒体渲染的气氛是非常悲观的。很多人由此得出结论："股票市场太可怕了，不能投钱了！"这迷惑了大部分没有什么独立判断力的人，让他们不敢在股票大甩卖的时候入市捡便宜。人们大多如此，买涨不买跌是人们的普遍心态。

大部分散户这时候是不会入场的。看着股票市场一片绿，简直毫无入场之心。大部分散户会选择在股票市场红极一时的时候入场。那时候股票指数已经快要接近历史高点了，形势看起来一片大好。媒体渲染的也是“股票价格又创新高”之类的，似乎这波牛市行情将会永远持续下去一样。但是，对长期进行复利投资的人来讲，这时候的股票价格就太贵了。一个选项之一（记住，这只是选项之一，只要你遵循自己的投资原则，可以选择的投资品种会有很多的），就是现在这个时间可以购买高评级的债券，收取固定的利息。等到股票市场进入熊市低谷的时候，再去买入实际上价格被打了折扣的股票。

作为长期进行复利投资的人来说，一旦你选定了一个赛道，就不要去更换它。无论你投资的汇丰银行的股票涨到什么程度，都不要卖出。即使你知道第二天汇丰银行的股票就会从历史高点跌掉30%的市值，也一定不要把自己的股票卖出。

我们可以在熊市低谷的时候大量买入优质的打折股票，但不要在牛市高点的时候卖掉它。因为总体来说，这是不划算的。还记得我们的使命了吗？一定要把自己和复利绑在一起。这才是最重要的。一时股价的波动只能算是九牛一毛，根本无伤大雅。而且，很少有人能够做到“每次都在最低点买入，又每次都能在最高点卖出”这样神乎其神的操作。如果你不能控制自己交易的欲望，认为现在已经是一个很高的价格，于是想卖出股票，回笼资金，等到价格下跌到一定地步再买入。于是，你出售了自己持有了很长时间的股票，你知道最有可能的情况是什么吗？是这只股票又创新高了；或者它跌了一段时间，你还在等它继续跌，不料，股价迅速回升再创新高。

我们坚信的不是偶然的一两次好运气所带来的超额回报，而是稳定的可预期的回报。每年复利10%、每年复利12%……这才是我们需要在意的。即使一年能让我们多赚100%的回报，也不要因此去动了那些长期的复利投资项目。

一次性的时间和精力重复创造价值

我们能够选定一个长期复利投资的项目，就相当于选定了一个赛道。在了解和选择项目的时候，这本身就耗费了我们的时间和精力。当我们选完之后，就不要去更换赛道，否则，就是浪费时间和精力了。关于长期进行复利投资，一个很大的隐含优势就在于初期我们需要了解这项投资如何，一旦选定，这项投资我们就完全不用耗费什么时间和精力了。这就大大节约了我们的时间和精力。这也说明我们之前的一次性消耗的时间和精力在不断为我们创造价值。我们可以把时间和精力用在其他的地方。而原来的那个长期复利投资项目就成了我们的自动收入"河流"了。不用管它，也根本不需要去管它。

实际上，在投资领域，趴着不动，才是最高的境界。就让你的自动收入"河流"年复一年地为你带来回报。你要做的是拓宽这条自动收入"河流"，并把时间和精力花在开凿更多条自动收入"河流"上面。

作为长期进行复利的投资者，关心的是一定要将自己和复利绑在一起，于是我们设定了一些符合长期复利投资的筛选标准。你应该尽量让这些标准简单、明了。实际上，通过这些标准，我们就可以筛掉绝大部分投资者所可能遇到的误区，当我们选定了投资标的，制定了何时应该投资的计划。比如对汇丰股票是执行每月定投（每月固定时间固定金额投资）呢，还是等到熊市低谷的时候买入呢？这些都根据自己的预期和能力来调整。虽然每个人的能力、时间都是不同的，但总的来说，只要能将自己和复利绑在一起，就已经成功了一大半，就已经和那些自认聪明而胡乱瞎折腾的人拉开了差距。

第七节

滚雪球：巴菲特

我们在小时候大多都玩过滚雪球的游戏。一小把雪在雪地上滚几下就会变成一个小雪球，然后你继续滚下去，雪球的体积会迅速地扩大。只要你继续滚下去，这个雪球就会滚成一个大雪球。每滚一圈，雪球所增加的体积都是原先雪球滚几圈才能够积累下来的体积。复利投资就像是滚雪球。日夜不停的复利作用让资金就像滚动的雪球一样，不断地加速扩张。

“巴菲特”并不过时

在全世界的“滚雪球”参与者中，巴菲特无疑是一个传奇。在数十年的投资生涯中，巴菲特保持了20%左右的平均年复合增长率，这让他当之无愧地成了世界上最会“滚雪球”的人之一。

比较而言，巴菲特和众多的在金融市场捞金赚钱的人的一个重大不同，就是他运用的是一套完整价值投资理念和体系。投资固然是具有技术性的，就连巴菲特本人也承认如此。所谓技术，换言之，要做到顶级投资高手，必须要有足够的天赋才可以。然而，巴菲特的价值投资体系，相对而言，却是非常具有借鉴性的。也就是说，这套理念和体系是可以学习的，普通人也可以通过它成功的。在投资的世界里，研究、学习巴菲特是非常有必要的。不要认为一听到“巴菲特”三个字，就本能地回避，似乎自己对之已经特别熟悉了。就拿现在来讲，大家都知道巴菲特，但又有几个人看过巴菲特这数十年来每年都写的一封“致股东的信”呢？又有几个人真正看过几本关于巴菲特的书呢？又有几个人听过或看过他的英语原文视频呢？所以，不要认为一提到“巴菲特”就认为已过时，好像自己非得找个名不见经传的冷门冷道的来研习才显得自己很厉害似的。事实上，我们要学就学最好的。退一万步说，即使不能够成为最好的，成为次好的或者次次好的也不错。

巴菲特从青年至今，以数十年的业绩，证明了他的整套体系的正确性。我们如果不去学习巴菲特的那套理念和思想，那就太遗憾了。即使没有巴菲特那至关重要的10%的天赋，但我们能通过这套体系做到90%，就已经相当了不起了。

巴菲特是滚雪球的高手，他的成功是建立在复利基础之上的。任何其他的手段和技巧都只是让复利的作用发挥得更好而已。复利才是整个台面的基石。

想要赚得最多，必须活得久

在投资领域，最重要的基本面，就是我们的投资必须建立在复利基础之上。如果一项投资没有建立在复利基础之上，即使短期内让我们获得了可观的利润，也不能够让我们在长期内获得最大的利益。对于复利来讲，一个至关重要的因素就是时间。在复利里，所有的一切都必须要通过时间来发酵。就如同一杯醇香的美酒，即使所有的材料都是最上等的，也需要耐心地窖藏在酒庄里，存放个数年才能酿出香郁浓厚的佳肴琼浆。

1 万元按照 20% 的复利率计算，10 年后的价值是 6 万元；30 年后的价值是 237 万元；50 年后的价值是 9100 万元。如果你仔细看看这组数字，就会惊叹时间对于复利的强大作用。巴菲特在 52 岁那年，个人净资产仅为 3.76 亿美元，在他 59 岁那年，这一数字飙升到了 38 亿美元。2018 年的福布斯全球富豪排行榜，巴菲特以 932 亿美元的身家排名第二。也就是说，60 岁之后，巴菲特赚到了他人生中 96% 的财富。52 岁之前他所赚到的财富，仅仅占到他目前财富总额的 0.4%，这明显违背常人的观念。我们无法想象在 52 岁之前，巴菲特所努力赚到的财富仅仅占到他目前财富总额的 0.4%。当在纸上计算某项投资的复利的时候，人们会认为离自己很远，巴菲特身家的变化更为直接地告诉人们：你关于财富的观念很多是错的！所以，道理是极为简单且重要：想要赚得最多，必须活得久！

立志实现人生财富的有志者，必须要健康饮食、均衡锻炼，让自己的身体处在良好的健康状态中。生命的长度在一定程度上决定了财富的高度。看过巴菲特接受采访的英文视频的人都知道，即使如今巴菲特已经 87 岁了，但他的头脑反应速度和语音语速都非常好。这真是非常难得的，大部分这个岁数的人都已经哆哆嗦嗦的了，更别提灵敏的头脑反应了。这和先天的身体条件有关，也和后天刻意地培养、锻炼、学习相关。我们每个人都无法掌控先天的东西，但后天的环境和条件，我们务必要尽力做到最好。

大部分的超级富翁都是长寿者，包括洛克菲勒、李嘉诚，当然也包括巴菲特。所以，一个健康强健的体魄，一个足够长的生命周期，是最重要的。因为这给你的复利作用提供了“时间”这个发酵物。

当我们明白了这个缘由，便知道年轻人更不能不顾实际地奢求在较小的年龄便获得年老时才能拥有的财富。这就是创造财富、积累财富的规则。即使是巴菲特，他在 52 岁之前所能够拥有的个人净资产仅是 3.76 亿美元，仅占到他如今净资产的 0.4%。所以，一个能够富裕的人，最富裕的时候就是在他年老的时候。而更多人是不能接受这个实际现象的。他们期待在年纪轻轻就能拥有巨额财富，这当然是没有错的。但大部分人有了这个想法之后，要么因为此目标无法实现而彻底放弃，要么就走上了铤而走险的道路。正因如此，他们不仅没有实现原先的美好愿望，且不说年老时无法拥有巨额财富，仅仅是当下也没法和那些长期进行复利投资的人相比了。这就如同狗熊掰棒子，掰了一地落了一地，最后什么也没捞着。

对普通人的建议：先锋 500

巴菲特认为美国股市是非常好的投资场所。他多次提到，庆幸自己看好美国股市，一直持续不断地深耕美国股市，从而获得了成功。虽然巴菲特通过挑选个股获得了极大的成功，但他不止一次地提到过标普 500 指数基金的优点，甚至表示等自己死后，大部分的遗产将会放在一只费率很低的标准普尔 500 指数基金内（比如他多次提到的先锋 500 指数基金）。

曾经有专业人士询问巴菲特：如果一个年轻人，刚毕业，身上没有多少钱，每天都要工作，如何积累财富？巴菲特的回答特别简单：努力工作，然后坚持每月拿一部分的工资定投先锋 500 指数基金。

标准普尔 500 指数是记录美国 500 家上市公司的一个股票指数。这个股票指数由标准普尔公司创建并维护的。标准普尔 500 指数覆盖的所有公司，都是在美国主要交易所——如纽约证券交易所、纳斯达克交易所——上市的公司。与道琼斯指数相比，标准普尔 500 指数包含的公司更多，因此风险更为分散，能够反映更广泛的市场变化。

基于标准普尔 500 的指数基金，则以跟踪标准普尔 500 指数为目标。跟踪的准确率越高，基金费率越低，就是此类中较为优异的基金。先锋公司提供的先锋 500 指数在此类基金中表现优秀，所以，巴菲特多次提到它。创立于 1975 年的先锋 500 指数基金是全世界最早的指数化共同基金，也是目前为止全世界最大的单个基金。

巴菲特提到的“每月定投”是一种简单、易操作但绝不会低效的投资策略。所谓每月定投，就是在每一个月的固定日期，以固定的金额购买股票。

绝不要小看定投策略，它能够使你获得市场平均的收益率。如果你认为市场平均的收益率太低了，那就大错特错了。实际上，2/3 的基金一年内的回报不如标准普尔 500 指数，80% 的基金 3 年的回报不如这个指数，而能连续 3 年的回报超过标准普尔 500 指数的更是少得可怜。

关于为什么主动管理型基金不如被动管理的标准普尔 500 指数基金，有一个重要的原因在于管理费用。当基金经理们开着豪车、住着豪宅，你就知道他们奢侈消费的资金实际上来自于你的口袋。超过市场平均水平本身就很困难，何况还要加上 2%~3% 的管理费用呢？表面上，看 2%~3% 的管理费用似乎不高，但这两到三个点的扣费是从出资人已经有的财产里直接扣除的。我们已经知道时间的重要作用。如果把每年两到三个点的扣费累积在一起就是一个非常大的数字了。而被动管理的标准普尔 500 指数基金的管理费用则要低廉多了，甚至考虑到自己花心思配置这么多股票所需要付出的时间、精力乃至费用，则更为划算。

每月定投可以让投资者锁定股市的平均收益。我们知道美国股市 200 年来的年化平均复合收益是 8% 左右，50 年来的年化平均收益率是 10% 左右。中国股市的年化平均收益率也是 10% 左右。股票市场就是上市公司的公开交易市场，而这些上市公司还会与时俱进，所以股票市场也会随着一路上涨。这就是为什么从短期来看，股票市场波动性很大，但从长期来看它是非常好的投资场所。

通过每月定投，一个普通人不用花精力、时间去研究个股、股市、经济环境，就可以十分简单地享受到股市的平均收益。况且，大部分主动管理型基金是无法达到股市的平均收益的。所以，对于一个普通人来讲，每月定投费用低廉、跟踪准确的股指基金，何乐而不为呢？更为重要的是，股票市场的收益率几乎都是复合增长率，也就是说是复利的。一个普通人不用花多少时间和精力，就可以让自己的资产实现复利。正是因为这个简单而明确的原因，巴菲特才也会提出“股市是非常好的投资场所”的建议。

滚雪球高手

巴菲特是当之无愧的滚雪球高手。一个巨大的雪球，在刚开始的时候，只是我们手中的一小把雪。每个人都可以抓起这一小把雪，也都可以选择滚起雪球。知道这一点是很有必要的。很多人认为自己没有这个机会，或者这件事情跟自己没有关系。正是这种“没有机会”或“没有关系”的错觉，才让他们陷入了“认真工作 + 储蓄”的陷阱。事实上，只要我们滚起了雪球，不管这个雪球初始的时候是多么微小，不管我们滚这个雪球的水平是不是足够高明，只要我们滚起了雪球，我们就已经站在胜利者的一边了。

关于滚雪球，巴菲特有一句名言：“人生就像滚雪球，重要的是找到很湿的雪和很长的坡。”很湿的雪就是我们必须要选择好自己的投资标的；很长的坡就是选择能够让我们长期行进的赛道。如果这个赛道太短了，跑两年，就要换；或者干脆我们就没有长期进行复利投资的思想，跑两年就撤出，那自然就没有办法积累复利的势能了。无论如何，这句名言我们应该牢记心中，随时检视自己的行为是否符合“很湿的雪和很长的坡”的标准。

第八节

避免亏损

做一个投资决策首先应该想到的是什么？大部分人考虑的侧重点停留在“能够赚多少钱”上。然而，真正的商人和投资高手关于“能够赚多少钱”的考虑远远排在“避免亏损”之后。

做任何投资首先应该想到的是避免亏损。只有建立在避免亏损的基础之上的投资决策才能获得最大的收益。这一点是极为重要的。绝大部分的成功人士在决策的时候，首先想到的并不是通过这件事情能够获得多大的利益，而是先要考虑为这件事情所付出的风险成本是否合适。李嘉诚曾经提到过自己做生意、做投资的一个习惯：“未买先想卖”。这正是对于投资基本面的考量。基于这一点，我们所有的投资决策以及为投资所做的所有努力，都可以进一步展开。

为什么要避免亏损

为什么要避免亏损呢？原因很简单。比如甲现在把100万元资本金用于投资，倘若亏掉50万元，也就是亏掉了50%。如果要从50万元赚到100万元，却要上涨100%才可以。虽然上下变动的幅度都是50万元，但这来回花费的力气是完全不同的。换成利率来理解这个事情就是：负利率50%，让甲当年亏掉了50万元。然后，甲费了九牛二虎之力，找了一个正利率50%的项目，要从50万元涨回100万元需要多长时间呢？答案是两年。同样的50%，一个是负利率，一个是正利率，时间上却是前者一年就亏掉了50万元，后者需要花两年时间才能涨回50万元。问题的关键还在后面。这样一来一回，就总共耽误了3年的时间。这就等于3年的时间来来回回净在原地打转了。

3年时间，资本金转了一圈，仍然是100万元，没有任何增长。这对于投资来说是相当糟糕了。如果保持哪怕是5%的复利正收益，这3年时间，也从100万元增长到了116万元；而如果是10%的复利正收益，这3年时间，就从100万元增长到了133万元。

亏掉50%这个比例对于某些喜欢冒险赌一把的投机客来说，还是小了点，他们的一些投资往往是血本无归的。投入的100万元，经过了一年时间，就变成了零甚至是负债。而这个时候要想再赚回100万元的难度可想而知，这就不是两三年的事情了。因为这时候，投资客已经没有了“弹药”，已经没有了可以“下锅”的东西。巧妇难为无米之炊。

在任何投资里，一旦出现大幅亏损，就必须要用更多的盈利去弥补。国内的股票市场现在有跌停和涨停一说。但你有没有想过，虽然跌停是下跌10%，涨停也是上涨10%，但两者不是同一个概念。同样的一个跌停不等于一个涨停。以100万元的投资举例，跌停就是价值 90 万元，再涨停的话，只有 99 万元。

在长期复利投资里，我们投入的 1 万元，经过了 30 年的年平均复利 10% 的增长，现在价值 17.4 万元。我想：现在你对复利应该更加了解了，知道现在正是复利逐渐形成力量的时候，接下去 10 年赚的钱将比之前 30 年赚的总和都要多得多。但是，如果这时候你心血来潮，投了不该投的项目，导致突然出现了亏损，比如 17.4 万元亏损了 50%，那么这将会大大降低你之前为了复利而做的努力。所以，合格的投资者，面对所有投资机会的时候，首先考虑的并不是能赚多少钱，而是这个机会是否会导致亏损，风险是多少。因为我们都知道：每亏 1 元的本金，都需要花费加倍的努力才能赚回来。而且，这一来一回之间，我们损失了永远无法弥补的时间。

赚大钱并不一定要冒险

很多人认为投资就是冒风险的，赚到大钱的人就是冒着很大风险才做到的。其实不然。这些表面上在冒险的人，实际上心心念念在考虑的都是如何把风险控制在一个合理的范围之内。他们表面上看起来是冒险者，实际上他们比普通人更在乎风险，也更在意规避风险。所以，有限的资金在他们手里才能够越滚越多。和这些人聊天，你能感受到他们的进取心，但他们的基本逻辑都是在如何控制风险上的。表面上他们跟你讲的项目可能是如何赚到 10% 的钱，基本的逻辑却是这个项目不会亏钱，然后在这个基础之上再跟你谈 10% 的收益率问题。

李嘉诚曾经有言：一个项目赚 50% 还是 100% 我不会在意，但是一个项目如果出现了 5% 的亏蚀，我会花主要的精力去解决它。

上面这些表述说的都是一个含义：保证本金不被亏蚀，这是投资最基本的一条准则。无论他人告诉你一个项目能够赚到多少钱，可以获得翻了多少倍的回报，你首先应该考虑的是这个项目会不会把你的本金给亏蚀掉，你是否会亏本而归。在衡量了这些之后，再进一步考虑这个项目能够帮你赚到多少钱。古人说“皮之不存，毛将焉附”，其实也是这个道理。

利令智昏

很多人在投资之前并不是控制风险，他们首先想到的是这项投资的回报如何。投资回报越高他们就越高兴。我曾经看到过一则新闻：在一个小镇里，有一个假酒骗子在街上瞎晃荡，择机向人推销自己的酒生意。一个卖豆腐的老板被假酒骗子给忽悠了。假酒骗子忽悠豆腐坊老板做他们“酒厂”的经销商，他声情并茂地说自己的酒是国内的大品牌。某个大工厂一直以来每年都从他们这儿拿货。现在这个机会可以说是从天而降，如果豆腐坊老板能够一次性进 30 万元的酒的话，他们就把这块业务交给豆腐坊老板来做。这家长期拿货的大工厂以后拿酒，就都从豆腐坊老板这里进货了。利润翻三四番，而且每年这个大工厂都会陆陆续续地稳定拿货。

根据我的描述，你应该知道上述新闻就是一个简单的骗局。戳破它只需要思考两点：第一，可以先了解一下是不是有这个品牌，以及这个品牌的酒怎么样。第二，这么大的工厂如果确实每年都要向某品牌的酒厂进货，为什么非得到你一个八竿子打不着的小镇上的一个小经销商这里进货呢？

“利令智昏”是大部分人的通病。当利润出现的时候，只看到高额许诺的收益，却看不到背后隐藏的风险。当自以为看到的收益足够巨大的时候，就完全忽视了可能存在的问题。实际上，这个豆腐坊老板虽然没有多少见识，但至少也经常在外面跑业务，做着小生意。即使没有丰富的经验，对于这种简单的骗术，哪怕是提醒自己一下，还是可以做到的。无奈骗子许诺的利润太高：能翻三四倍，而且每年都会稳定地有钱进账。可能的利润冲昏了头脑，而不顾风险的巨大，最后当然是血本无归了。这30万元的假酒，不仅一瓶也没卖出去，而且知道是假酒之后，豆腐坊老板自己也不敢再喝一口。

不得不说的庞氏骗局

一提到“利令智昏”“亏损”这两个词，人们便会想到“庞氏骗局”。庞氏骗局出现在报纸上已经有一百多年的历史了。可是时至今日，这种骗局不仅没有销声匿迹，而且变着花样，百般出新。对于庞氏骗局的描述非常简洁明了：借新债，还旧债。通过高额利息引诱更多的新人进场。

庞氏骗局有几个星期就关门大吉的，也有持续数年时间能够维持运作的。至今史上最著名的庞氏骗局非2008年案发的麦道夫金融欺诈案莫属了。这场庞氏骗局持续了将近十年时间，让众多的国际银行和金融机构以及富翁们蒙受了巨大损失。能让这些一天到晚和财富、金钱打交道的人上当受骗，可见麦道夫的骗术之高。

麦道夫精心设计了一个巨大的“庞氏骗局”，以稳固的、比较高的但看起来较为合理的回报率吸引了一大批资金。让大部分投资者产生了天然的信任感的是麦道夫的光环——他曾身为纳斯达克主席，并且纵横金融市场多年。

起初，麦道夫打入精英云集的乡村俱乐部，吸引了众多富有的犹太会员。麦道夫很会揣摩投资者的心理，他有意地打造出一种排外氛围，并实行“非请莫入”的政策，只有经过邀请的投资者才能成为公司的客户。可以想见，这些能被邀请者身价自然不菲。这也意味着，成为麦道夫的客户有点像加入一个门槛很高的俱乐部，光有钱没有人介绍是进不来的。这一策略非常成功。在很多人看来，把钱投给麦道夫已成为一种身份的象征。麦道夫从不解释他的投资策略，而且如果你问得太多，他会拒绝接受你的投资。在俱乐部的高尔夫球场和鸡尾酒会上，人们不时提到麦道夫的名字。一些犹太老人称麦道夫是“犹太债券”，因为他不管金融市场形势如何，总能给出每年8%至12%的投资回报。麦道夫曾吹嘘：“我在上涨的市场中赚钱，在下跌的市场中也赚钱，只有缺乏波动的市场才会让我无计可施。”

随着客户的不断增多，麦道夫要求的最低投资额也水涨船高，从最初的100万美元升至500万美元，然后又到1000万美元。大量的俱乐部会员投资了麦道夫旗下的基金。由于回报稳定，麦道夫的名声越来越大，会员都以拥有麦道夫投资账户为荣。然而，随着2007年开始的金融危机的蔓延，不断有客户开始赎回自己的基金份额。

2008年12月初，麦道夫的客户要求赎回70亿美元投资，这是压死麦道夫的最后一根稻草。12月10日，麦道夫向儿子坦白称，其实自己“一无所有”，而是炮制了一个巨型金字塔层压式的“庞氏骗局”，前后共诈骗客户500亿美元。10日当晚，麦道夫被儿子告发，引爆史上最大欺诈案。在案发前，人们信任麦道夫，麦道夫也没有让他们失望。他们交给麦道夫的资金每年都能取得10%的稳定回报。但事实上，麦道夫并没有创造财富。顾客们并不知道，他们可观的回报是来自自己和其他顾客的本金——只要没有人要求拿回本金，秘密就不会被拆穿。但当有客户提出要赎回70亿美元现金时，游戏结束了。

截至2008年11月30日，麦道夫的公司账户内共有4800个投资者账户，这些受骗的投资者包括对冲基金、犹太人慈善组织以及世界各地的投资者，甚至包括来自全球各地的银行，西班牙国际银行、法国巴黎银行和汇丰银行这3家银行这一次也中了招。

在表面看来，投资麦道夫的基金是一项风险很低的投资行为。他庞大的基金有着稳定的利润返还率。一个月中可能就会达到一到两个百分点的增长率。增长背后的原因是该基金不断地做着购买大盘增长基金和定额认股权等生意。这种综合性的投资组合一直被人们认为可以产生稳定的投资收益。根据美国证监会早些时候的数据显示，到2008年1月份为止，麦道夫的基金一共管理着171亿美元的资金。虽然2008年的金融危机致使形势不断恶化，但麦道夫依然在向投资者报告说——他的基金依然在稳健地增长当中，这一增长数字到2007年11月依然高达每月5.6%，跟标普平均增长下降37.7%相比，这肯定是一个令人欣慰的数据。假如不是因为这场全球性的金融危机的话，也许这次骗局还能够延续下去。但危机使一切显形，麦道夫承认了自己的行为。正如巴菲特所说的那样——直到退潮的时候，你才知道谁在裸泳。

在麦道夫的庞氏骗局中，其手段包括利用奢华场所搭建人脉网以及利用人的荣誉心理等。但更令人印象深刻的是，麦道夫承诺的投资回报率并不像一般骗局那样明显超过人们认为的合理范围，而是承诺每年的投资回报率在10%左右。这样便令许多老投资者也将存有的疑虑慢慢打消了。况且，看到周边的好友一个一个都参加了麦道夫的基金，并且都获得了稳定的收益，自然越发相信这事了。

投资者最后一道防线是旨在保护投资者利益的监管当局，不过其表现却令人大失所望。纳斯达克前主席、各类行业协会的董事、慈善活动中的泰斗级人物加上金融市场著名的专家顾问等各类桂冠使麦道夫成为美国证券交易委员会（SEC）和华盛顿具有相当影响力的人物。而且，麦道夫还成了监管当局在制定政策方面的市场顾问。尽管SEC在过去16年中曾经调查过麦道夫8次，但还是没发现他的骗局。SEC的专业水准因此大受质疑。显然，并不是SEC不能够发现麦道夫骗局的蛛丝马迹，而是SEC对麦道夫本人有盲目的信任。他们不相信麦道夫拥有这样地位的人做行骗他人的事。其实，对于麦道夫的公司已经有很多预警，但他们决定让麦道夫轻易过关。麦道夫是纳斯达克的前主席、华尔街的传奇人物，他有这些很好听的头衔，这些都让SEC认为麦道夫不可能在搞庞氏骗局。

古老的庞氏骗局被麦道夫玩出了新花样，但剥开迷雾般的衣裳，仍然是旧戏重演。人们相信一个并不存在的企业获得了商业成功，但实际上它们是在短时间内用其他投资人的钱给第一批投资者回报——这就是庞氏骗局。在市场投资中避免自己身陷骗局显然是每个投资人都需要做足的功课。

集体无意识状态

能够不受外界干扰，独立判断事情的真伪并非易事。投资者太容易陷入集体无意识状态。

当人数增多的时候，人们的判断力并不是随着集体智慧上升了，反而呈现出下降的趋势。比如街边的两家面馆，倘若一家门庭若市，另一家门庭冷落。那么，必然前者将会更加受到我们的青睐，虽然我们并没有了解到事实真相。在投资领域也是如此，当大规模的投资热潮来临或者挤兑逃离风潮来临，每个人都急不可耐地跟随着大部队行动，即使这意味着闭着眼睛跳下悬崖。

判断力的集体缺失让麦道夫这样的巨骗可以长时间逍遥法外，给投资者造成巨大损失。不管是股票市场、房地产市场还是社会中的各种经济行为都不例外。人们过于相信“权威们”的预测和“大师们”的点评。市场对这些“大师”是有强烈需求的。当自己搞不明白的时候，总希望能有个领先人物三言两语地告诉自己这到底是怎么一回事，这是大多数人自然而然的习惯思维。那些连事情本身到底是什么情况还没搞明白的专家们不甘寂寞，在电视上滔滔不绝地评点着各种时事，预测未来趋势，无视市场的复杂性和多变性。台下一些观众越听越有道理，纷纷深以为然。

麦道夫的故事让我们明白：听取他人意见的时候，不管这个人的身份有多高，不管这个人是谁，都应该多一份自己的独立思考。毕竟，我们需要对自己的资本金负终极责任。倘若亏损，可是亏自己辛苦赚来的钱。

贪欲才是骗局的始作俑者

涉及金融的诈骗很多，但无论花样如何翻新，都是围绕着人的贪欲进行的。对金钱的渴望没有什么不好的，也没有什么不对的。现代社会的人们之所以过得更好，正是因为有丰富的物质条件。倡导贬低金钱的古代社会的人，并没有比现代人活得更为高尚。一个现代社会的普通清洁工，在物质生活上也比古代的大地主过得更好，比古代的大地主拥有更好的医疗保障。对金钱的渴望是无可厚非的，但贪欲却是每个人都需要禁止的。

贪欲是所有骗局围绕的核心点，就像《菜根谭》里讲的一句良言，用到这里颇为合适：“生长富贵丛中的，嗜欲如猛火，权势似烈焰。若不带些清冷气味，其火焰不至焚人，必将自烁矣。”人对自己的贪欲如果没有察觉，那么“不至焚人，必将自烁”——要不为非作歹伤害了他人，或者引火上身害了自己。没有人不想得到收益，但是在行动之前，必须要先进行独立思考，衡量一下风险因素，不能使我们的本金遭受损失。长期复利投资是建立在坚实地基之上的，而绝不是赌一把、碰运气的行为。

考虑风险不代表零容忍

如同这世界上的大多数事一样，黑白之间并不是分明的。如何对风险进行有效的衡量，有效地规避风险是相对的，不是绝对的。如果从绝对的角度来讲，将钱存在银行显然是最“保险”的行为。但是，考虑到通货膨胀因素，每一天我们的现金都在遭受损失，所以，这显然也不是最保险的行为。

避免亏损不代表对风险的零容忍。关键是我们选择的投资标的是否具有长期来看总体一直保持每年正增长的能力。我们的目标是进行长期复利投资，只要长期平均复合增长率达到我们的要求即可。以标准普尔500指数举例，遇到金融危机的一些年份当年可能会下跌30%甚至50%，但这都是无关大体。因为长期来看，标准普尔500指数平均年化复合收益率就能够达到10%左右。如果你真能够规避30%或者50%的下跌风险，那么，你的年化复合收益率将会比这10%高得多得多。但是，我们前面的相关篇章已经分析过了。对于一个普通投资者，最有效的策略就是坚持长期每月定投，无论处在金融危机还是自认为的历史峰顶的时候，因为这样可以保证你获得市场平均收益率。千万不要小看市场平均收益率，长期来看，几乎没有几只基金能够超过标准普尔500指数的平均回报率。经济学家们早就发现了想要战胜市场是非常困难的这一现实。关于此类的研究报告汗牛充栋。用数字说话，而不是单纯靠自己的臆想。能够切实地根据数字说话，能让我们规避很多不必要的麻烦。

对于进行长期复利投资来说，选择能够长期复利增长的投资标的才是我们需要重点考虑的。标普500指数基金的每月定投，对于绝大部分人来说，显然是最简单、最有效的策略。当然，通过自己的思考，投资的标的可以远远不限于此，但让你的投资标的符合某些简单的标准是非常必要的。总之，在我们开凿一条新的自动收入“河流”的时候，首先要考虑的是会不会让我们亏蚀本金。从长期来看，很小的概率事件，随着时间的累积，发生的可能性也是非常大的。所以，如果你希望构建自己的长期复利投资项目，必须要把风险因素考虑进去。亏蚀本金会导致我们开挖自动收入“河流”的速度大大减慢。对于我们的长期复利投资来说，不得不注意避免亏损。

第九节

不能忽视的基数

基数的大小对于实现复利结果的时间也具有重要影响。比如1万元的投资，10%的年复利回报率，那么40年后，价值45万元。而10万元的投资则价值453万元。所以，我们看到，如果现在投入10万元和投入1万元，在40年后的结果上差距是很大的。至少453万元对于大部分人来说，差不多能解决他们的养老问题。在之前的章节中我们已经探讨了关于“持续不断”的概念。所以，很容易理解的是，基数不仅指我们一次性投入的金额大小，同时也代表了我们是否一直能够保持新增的投入。比如，在相同利率下，每年投入1万元的投资，那么40年后，价值487万元；如果每一年投入10万元的投资的话，那么40年后，价值4968万元！显然，我们看到，如果每一年投入 1 万元，那么 40 年后也能价值 487 万元，这比上面说的只在某一年一次性投入 10 万元的结果还要高。倘若能做到每年投入 10 万元的投资，那么 40 年后价值 4968 万元！

尽量扩大投资基数

我们看到每一次投入的基数大小，以及每年是否都能够保持持续不断的投入从而扩大基数，对于同样一段时间内的复利结果来说差异是非常大的。每一次金额大一点的投入，每一年都持续不断的投入，会让我们更早、更快地实现财务自由。这对我们的启示是简单明了的：尽量扩大我们的投资基数。这个观点无所谓悲观或是乐观，这只是一套方法论而已。但是，悲观的人会感叹道："哎！我就是没钱啊。有钱的话，我会不会更快地变得更富了？"乐观的人却会说："啊，我知道了这个道理。我要努力赚钱，扩大我的基数。这样，我就能更早地实现财务自由了！"

对于同样一个现象，悲观和乐观的人是完全两种截然不同的反应。需要注意的是，财富对谁都是一视同仁的，它可不会管你是悲观者，还是乐观者，它只管你是否会遵守创造财富的准则。谁遵守这一套准则，谁就能获得财富；谁违背这套准则，谁就和财富无缘。很简单的，乐观者遵守了这套准则，无论现在他们的月收入是几千元还是几万元，他们都会按照这套准则的要求，在力所能及的范围内扩大自己的投入基数，所以，他们的回报也会远超过目前与他们有着一样收入的人们。而悲观者恰恰相反，他们违背这套准则，当他们的收入只有几千元的时候，他们感叹自己的收入没有几万元，所以不能拥有更多的投入基数；当他们收入几万元的时候，他们又感叹自己的收入没有十几万元，所以不能像有着十几万元收入的人那样拥有更多的投入基数。总之，无论如何，悲观者都不会采取积极的行动。结果也可想而知。

事实上，无论我们现在的收入是几千元抑或是几万元，我们总有很多的账单需要支付。几千元有几千元的账单需要支付，几万元也有几万元需要支付的账单。这都无足轻重。因为生活的好坏是和我们自己相对的。不能因为有人一年收入上千万元、上亿元，我们就放弃了奋斗。毕竟，对我们生活负责的不是他人，是我们自己。我们生活的好坏只能由我们自己承担完全责任。当然，如果我们否认这一点，认为自己的生活好坏绝不应该仅仅由自己承担责任，而是至少由这由那承担一部分责任。这当然也没有什么不行。唯一的问题就是抱着这种推卸责任的态度，只能把自己的生活过得更加糟糕。我们是希望自己的生活越过越好呢，还是越过越糟糕呢？财富喜欢那些遵守创造财富准则的人，而不是自以为是的人。

一旦我们知道了这个原则，我们就应该立即采取行动。尽量多地积累金钱，将其投入到自己的长期复利投资中去。增加收入，减少不必要的支出，使留存的金额增加，这样我们便可以有更多的资金投入到自己的自动收入河流中。你现在每一元钱的投入，都会在日后获得加倍再加倍的回报。相信你的自动收入“河流”吧，实现财务自由靠的就是你的长期复利投资。

让现在的收入变得更有价值

很显然，一旦我们走上了这条增加基数的路，带来的改变是什么呢？“让现在的收入更有价值！”是的，这是毫无疑问的。

我们原来的收入用在什么地方呢？用于支付各种账单：房租、房贷、车贷、水电费、柴米油盐酱醋茶、抚养孩子、赡养老人……更多的收入总会带来更大的支出，永远也跳不出“认真工作＋储蓄”的陷阱。渐渐地，我们对收入也就麻木了，因为我们丧失了希望，已经对生活本身麻木了。对生活丧失了希望，对生活本身的麻木，让我们拘泥于生活中的琐事不能自拔。到账的工资收入，每月赚到的钱，对我们来讲，只是待分配的羔羊而已。虽然有一点收入挺好的，但也提不起多少兴趣，因为我们对自己一成不变的收入和生活状态早就麻木了。一旦扩大投资基数，现在，你的每一元钱的收入都会显得更有价值。我们明确地知道，现在的每一元钱的收入都意味着未来的加倍回报。我们的生活也会因此光明。原来，我们赚到的钱除了用于支付各种账单，剩下的唯一作用就是储蓄，等着支付以后的账单。现在，我们赚到的每一元钱都在为我们的财务自由的目标努力着、奋斗着。

生活不怕艰辛，只怕没有希望。生活中存在着曙光，对于任何人的重要性都是不言而喻的。

正因我们需要扩大自己的投资基数，所以，我们才会更加努力地增加自己的收入。每一份收入对我们来讲都有着不同以往的重大意义。对于我们大部分人来说，工作的薪水是一年之中的主要收入。所以，扩大自己的收入的重要一环，当然不能忽略了自己的本职工作。做好自己的本职工作，能得到更多的薪水。对于打工所得到的收入，虽然不足以让我们直接成为富豪，但它的稳定性质会让我们开挖自己的自动收入“河流”时拥有更加稳定来源的“弹药”。

更努力，才能成为富人

大部分的工作都是一天8小时制的。每天超过8个小时之外的时间还有很多。即使在8小时工作时间内，很多人也是经常有闲工夫的。我们在完成自己本职工作的基础之上，总的来说，还是拥有非常丰富的自由支配时间的。

一个奇特的现象是，那些富人们比普通人在工作上花的时间更多。巴菲特和李嘉诚以八九十岁的年纪，仍然处在公司工作的一线上；而那些创业者和富人们平日的工作时间也远高于普通人的“每天工作8小时的模式，每周工作五到六天”。更令人不安的是，富人们即使在闲暇时候，很大一部分时间也是在关注财富咨询信息，而不是把时间消耗在无止境地刷新社交媒体、阅读八卦小报上面。

读完上面两段话，我想：你应该知道富人更富的缘由。即使自己没想变得那么努力，至少也应该要在 8 小时之外开辟自己更多的收入渠道。少花一点时间在无意义的懒惰上面，多花一点时间让自己的收入增加一点。

不要满足于雇员这个身份

读到这里，很多读者可能会拍案而起了，他们认为一天 8 小时的工作已经够辛苦了，为什么还要逼迫他们在 8 小时之外工作？其实，获得财富就是这样一个过程。你只能问自己一句：是想一直这么过下去，还是想财务自由？没有什么好果子会无缘无故地落在一个人的头上。我们想要获得一些东西，就必须要做好付出一些东西的准备。什么都想要，又不想付出，最后的结果只能是黄粱一梦而已。写到这里，我们可以说，不能够实现财务自由的人生，你还在想什么 8 小时呢？这有什么意义呢？等你实现了财务自由，你还会这么想吗？

8 小时的工作制保障了员工们的权益。这是雇员相对于雇主所获得的权利。但除了雇员的身份之外，你还是一个自由的人。为了对自己的人生负责，你也需要更加努力一点。如果我们仅仅因为公司或者单位 8 小时的规定，而放弃了更多的努力，那是不是意味着我们甘心接受自己“仅仅只是”一名雇员的身份了呢？我们不仅是雇员，我们还是丈夫或者妻子；爸爸或者妈妈；儿子或者女儿。我们需要对自己的人生负责，我们需要创造自己的人生。雇员的身份只是我们众多身份之一，雇员只是我们现在的公司或者单位工作所赋予我们的身份之一。

不要满足于让雇员身份占据了我们所有的人生意义。事实上，只有如此，我们才能实现那些喊着在 8 小时之外不工作的人所不能实现的幸福。古人常说“人无远虑，必有近忧”。投资能否做得好，最基本的要求就是认识到“稻种和稻谷”的关系。有些人拿到了稻种就索性当作了稻谷直接吃掉；有些人能够播撒这些稻种，等到来年秋收时再吃掉所收获的一小部分。世界上人的分类也大体属于这两种。这和我们上面讲的乐观、悲观一样，并没有什么对错，但结果却是完全不同的，只在于我们希望自己走上哪条路而已。

每个人都可以增加自己的收入

一旦我们开始动心思扩大自己的投资基数，那么，每一份收入就开始变得价值连城。如何扩大自己的收入也是我们不断思考的问题。很多人对于增长自己的收入毫无头绪，认为即使自己有心也无力。实际上，增加收入真心没有你想的那么难。一个星期抽一个晚上去刷盘子，是每个人都可以做到的吧？当我们有大把的空余时间的时候，把这些时间浪费在看电视剧、玩游戏上，幻想着假、大、空，还不如匀一点时间去刷几个盘子得到一点报酬。

只要我们理解了复利的重要，只要我们了解了基数对于复利的重要，我们就会明白，那刷盘子的一点点报酬，并不是报酬本身的价格，而是几十年后你养老时的一笔巨款。中国人常说“养儿防老”。即使我们很孝顺，能保证儿女也孝顺吗？我们自己都可以做好自己的老年财务安排了，还指望什么“养儿防老”呢？把自己的安全交给自己，没有什么比这更安全的了。然而，更多的人并不会选择去刷几个盘子。他们的回答通常是：“刷盘子有什么用？靠这个劳动赚不了几个钱。我要做就做赚大钱的。”然后，继续抱着手机玩了起来。有赚大钱的想法当然是好的。问题是光靠“想”是完全不够的。我们所有的业绩都是建立在行动的基础之上。当我们整天不行动，拿着手机不放，同时还不愿意踏出一小步去刷盘子，我想实现财富真的和这样的人没有任何关系了。财富喜欢那些脚踏实地的人。

我经常拿刷盘子举例，这个例子清楚地说明了要增加我们的收入，并没有我们想象的那么困难。问题的关键是我们能否立马行动起来。将大部分时间用在挥霍上，而又慨叹无法增加自己的收入，是愚蠢的。我看到一些人努力地在增加自己的收入，比如晚上下班了仍然去开网约车，周末的时候去做兼职等。具体工作的强度怎么样，每个人都可以自己调控，但是，采取了这样的行动，至少证明了他们有增加自己收入的想法。唯一可惜的是，他们并没有了解到开凿自动收入“河流”的概念，所以，单纯地靠劳动是无法改变自己的命运的。但是，阅读本书以致能够读到这里的你不同，你已经了解了人生必须要拥有自己的自动收入“河流”，已经知道了长期复利投资的巨大作用，所以，接下去你的积累才更有意义。相对于他们来说，你难道不是更为幸运吗？

我认识的一个开电瓶车的搬货工，我有需要就会联系他。他在去年减去全家人的所有生活开销之后，银行账户上的存款还有 29 万元。他说话很实在，他说自己赚的是苦力钱。为什么我有需要，会首先想到联系他呢？因为他肯出力、干活特别实在。所以，他的生意自然也是最好的。你可以想到一个搬货工人，每一分钱都是靠自己一点一滴搬出来的。而且，这并不是一次性的或者间歇性的，这是每天早上睁开双眼就需要做的工作。可能很多人会觉得这是得不偿失的，而事实上，这种想法有点站着说话不腰疼——每个人的综合背景是不同的。唯一遗憾的是，这样的一个搬货工，和大部分人一样，并不知道需要开凿自己的自动收入“河流”的概念。我也很难在一两句话之内把这事讲得让他理解得清楚无误。所以，即使他辛勤努力，也不可能攒下巨大的财富。单纯靠每年往银行账户上存钱，显然是不可能实现财务自由的。更可悲的是，他通过体力劳动赚来的钱却每年都在贬值，这让他当初靠体力换来的成果不断丢失。难道这不能让我们反思吗？如果你仍然在抱着手机玩个不停，就不要慨叹无法增加自己的收入了。

增加收入没有大部分人想的那么困难，方法多种多样。我们不应该好高骛远地拒绝所有自认为低级的行动。只要能够开始思考这个问题，就已经是一个巨大的进步了。通过增加自己的收入，使我们能够有更多的弹药用于进行长期复利投资，扩大我们的基数，这才是我们的最终目的。

第十节

什么是构建一切的基础

每一门学科都有构建本门学科最基础的一些基本的逻辑。比如几何学里的“五大公设”；经济学的“理性人”假设；会计学的“有借必有贷，借贷必相等”。现代科学理论、社会学理论之所以飞速向前发展，正是因为具有了层层积累的特点。前人做的研究可以为后人铺路；后人的研究是建立在前人探索的理论基础之上的。所有类型的知识，归根到原点，总有那么一些极少数的基本的逻辑。正是这些极少数的基本的逻辑，在支撑着整门学科向前发展。如果没有深刻理解到这些基本的逻辑，也根本不可能学透这门学科。

在财富这个领域内，也有一个基本的逻辑，所有的一切行为、思考都是建立在此基础之上的，那就是复利。

相信你现在已经对复利有了更深入地了解了。但是，仅仅是了解或者肤浅地懂得仍然是不够的，应该把对复利的认识深刻地内化到自己大脑里，形成对所有事物本质的认识。这样我们在做事的时候，才能够认知到一件事物更为本质的一面，从而能够搭建起地基牢固的财富大厦。富人对于复利有着比穷人更深刻的认识。

在财富领域，所有的一切都是建立在复利基础之上的。如何衡量我们的收入高低，如何衡量开支的大小，如何进行投资，如何衡量投资成果的优劣等，所有这一切都是建立在复利的基础之上进行思考才能够创造出巨额财富。

和复利思考相对的，就是普通人通过日常经验所自然而然习得的单利的思考、线性增长的思考、一次性收入的思考。如果仅仅靠此类思考，我们只能在“认真工作＋储蓄”的圈子里打转。对金钱的认识也只能是“努力工作多赚钱”，认为单纯靠赚钱就可以致富了，即使稍有一点头脑，懂得用钱赚钱，也只是限制在做着一次性的赚钱想法上。

单利的思考、线性增长的思考、一次性收入的思考，典型的特征是做“加法”，而复利思考却是做“乘法”。这完全是两种截然不同的思维方式。前者是人们通过自己的日常经验便可以自然而然养成的一种思维方式，所以多数人如此；而后者却是通过观察总结出来的一种思维方式，所以能习得的也是少数。这种区别有点类似什么呢？就像是经济学的知识。经济学研究的陌生人之间的大规模合作所产生的影响和结果。这种规模往往大至一个国家甚至全世界。而我们人类自幼生活的圈子和经济学研究的背景却是有很大的不同的。因为我们生活在一个熟人占有很大比重的社会里。而且，合作的规模也完全不在一个数量级，我们所谓的合作可能就是和张三的合作或者和王五的合作之类的极少数的点对点的关系。这就造成了经济学得出的结论和我们日常生活的经验经常有非常大的不同。因为经常在简单的熟人间、小圈子里活动的人，是无法理解经济学这种大规模背景下所得出的结论的。如果需要了解、理解经济学的结论，只能通过从经济学的“理性人”假设出发，一点点地学习经济学的理论知识。因为经济学里的知识和分析经常和人们的日常生活经验相悖。

单利的思考、线性增长的思考、一次性收入的思考和复利思考之间的关系也类似于此。因为我们一直生活在一个狭小的圈子内，如果没有经过学习，很难认识到复利的作用，很难理解复利曲线所产生的巨大威力。我们很难从直觉上去理解 1 万元，10% 的复利，100 年后就是 1.38 亿元；而 200 年后则达到了 19 万亿元。这些数字的变化都超过了我们在日常生活中所积累的经验。毕竟我们都是生活在一个狭小的圈子内的。我们能够理解“今天赚一元钱，明天赚一元钱，加起来自己就有了两元钱”这样一个逻辑。但是，如果没有经过学习，我们便几乎无法知道上面所说的“1 万元到 19 万亿元”的变化过程。

所有实现财务自由的人，都是对复利有着深刻理解的。他们对复利有着很大的敬畏，从而能够让其指导自己兢兢业业地安排一切生活活动。用“敬畏”两个字是恰当的。复利能够使我们强大，也能够让我们变得弱小。相反的，无法摆脱贫穷的人都对复利缺乏最基本的了解。即使你明确地告知了他复利的威力，他也会认为这和他毫无关系或者认为你是在胡说八道。一个不可否认的事实是：如果我们不进行长期复利投资，我们就无法实现财务自由。即使我们偶尔能够赚到一大笔钱，仅靠这种一次性的收入是无法得到更多的财富的。

为什么靠复利投资才能实现财务自由呢？一个很简单的道理就是，当复利投资进行到一定阶段的时候，复利投资本身所带来的每年回报已经足够巨大。大到什么程度呢？总之，在这个时候，虽然我们没有减少自己的复利投资基数，但继续复利投资的主力已经变成了复利投资本身所带来的每年利润。我想你已经明白了，这个时候，继续投资复利投资的主力，已经变成了复利投资本身了。这就是一条不断流淌的自动收入“河流”，而且每年都在不断加速地变宽。

我们还以汇丰银行的股票举例。刚开始的时候，每年买入汇丰银行股票的主要资金是我们自己的劳动收入。汇丰银行股票每年都会给我们带来股息。我们用股息继续购买汇丰银行的股票。那么，随着购买股票数量的增加，股息水涨船高也就更加多了。有了更多的股息，就能购买更多的股票，然后又导致我们拥有更多的股息。反反复复，年复一年，到后来增加购买汇丰银行股票的主力，已经不是我们固定的劳动收入了，而是汇丰银行所派发的股息本身。这个时候，也许我们仍然坚持着每年花费自己工薪收入的 1 万元用于购买汇丰股票，但与此同时，每年因为持有汇丰银行的股票所得到的股息就有 4 万元，接着，由我们用 4 万元的股息继续购买汇丰银行的股票。如此之后一年，我们的股息又会因为我们持有股票数量的增加，再次同步增加。

我们的劳动收入的增幅是有限的，而复利投资的增长却是越来越快，终将有一天，复利投资所带来的收益将会远远超过我们劳动所得的收入。换言之，对于绝大部分人来说，劳动收入的增长是线性的；复利投资的增长却是指数型的。无论是工作，还是做生意，如果当年赚 20 万元，第二年通常赚的也是 20 万元左右，有些甚至会出现下降。即使付出了相当的努力求得增长，也是在 20 万元的基础之上再增长一点。而且，这个增长的瓶颈总会出现的。也许收入从 20 万元增加到 40 万元之后就不会再增长了。

复利投资的特点和劳动收入完全不同。复利投资的特点就是“增长”，而且是指数增长（也可以叫复利增长），简单来说，就是越增长越快。只要选择好了投资标的，其增长就不是你需要担心的问题。比如标普 500 指数，长期来看，不需要担心标普 500 指数没有指数增长性。

破除自己的加法思想、线性思想、单利思想，这些虽然名字不同，但都是一个概念。它们全部都是我们在生活里自然习得的。我们应该将自己的大脑思考模式调整为复利思维。

构建一切财富的基础都在复利上面。这是财富领域内的一个基石性的概念。我们只有了解了复利的概念，才能够逐步动手去建立自己的财富大厦。这幢大厦才是切实可用的。就比如盖一栋大楼，如果连一点建筑学的知识都不懂，只靠自己积累的一点生活经验，显然是盖不起来的。楼还没盖到一半，不是这里的水电出问题，就是那边的墙体有问题。对于希望实现财务自由的人来讲，复利的重要性也是如此。只有建立在复利基础之上，财富大厦才能更稳固。

复利的作用在个人修养上也是如此。巴菲特的老搭档查理·芒格说：“要做到晚上睡觉的时候，比早上睁开双眼的时候聪明一点点。”每一天都能比前一天进步一点点，这就是典型的复利作用了。因为每天进步的并不是固定的一点点（单利），而是在前一天基础之上的一点点（复利）。那么，最终的个人进步曲线、成长曲线，就是标准的复利曲线了。结果就是复利的结果——非常惊人的一个结果。每一天在前一天基础之上的一点点进步，在长期来看，会形成非常巨大的飞跃。所以，这一段话是有意义的：“学习与不学习的人，在每天看来没有任何区别；在每月看来差异也是微乎其微；在每年看来差距虽然明显，但好像也没什么了不起的；但在每5年来看的时候，那就是观念的巨大分野。等到了10年再看的时候，也许就是一种人生对另一种人生不可企及的鸿沟。”

我们最紧要的就是让自己形成复利思维。做任何财务安排，做任何事，都要建立在复利思考的基础之上。尽量把自己和复利绑在一起。从短期来看似乎这没有多大的区别，但是，一旦时间略有长远，便会和周围人形成巨大的财富分野。

第十一节

手里要有现金

常言说“过犹不及”，也就是说一件好事情如果做得太过火了，也和完全不做它是一样的结果——都是不好的。无论是完全不进行复利投资，或者是把自己所有能调用的资金全都用于复利投资，这对于我们的复利目标来说，都不能产生最大的效益。

我们的手里必须要有现金。每个人的资金量不同，风险配比不同，所以，所留有的现金金额大小、比例也会有区别。但是，无论如何，我们的手里面必须得有现金，才能够规避风险，得到机会。进行长期复利投资的时间跨度是非常长的，如果把所有能动用的资金全部投入到长期复利投资里，那么我们能调用的现金就会捉襟见肘。在一个很长的时间里，我们总会碰到一些风险，也总会遇到一些机会。只有手里有充足的现金，才能够安然地度过不可预知的风险，也才能够迅速地抓住昙花一现的机会。

现金流断裂就会铤而走险

史玉柱曾经有言：“我不追求高速度，我只追求一步一个脚印往前走。像我在珠海巨人出事的时候，负债率高达 80%。后来我就跟自己这么规定的：5% 的负债是个绿灯，是安全的；10% 的负债，就要亮黄灯；15% 的负债就要亮红灯了，不能碰了。像这样我们的公司就不会因为负债而出问题。

“回过头来看，过去 10 年中国的著名民营企业老板进监狱的，表面上是各种原因进了监狱，其实他们有共同的问题，都是负债率过高所导致。负债率过高，资金链就免不了会出问题。资金链出了问题就会做很多违规的事。

“不久前，我和企业界的一些朋友回顾过去 10 年，最后发现我的追求速度是最慢的，实际和他们比较，我们的成长发展是最快的。”

史玉柱，1984 年从浙江大学数学系本科毕业，分配至安徽省统计局工作。1989 年，史玉柱从深圳大学软件科学系（数学系）研究生毕业，随即下海创业，后其研发巨人汉卡，行销全国。1992 年，他在广东省珠海市创办珠海巨人高科技集团。后来，他成为中国首富。1994 年，史玉柱开始做保健品，第一个产品是“脑黄金”。后来他因为投资巨人大厦导致资金链断裂而几乎破产，欠债 2.5 亿元。而后，他通过保健品“脑白金”东山再起；然后，大手笔投资民生银行获利颇丰；之后，开创巨人网络集团。

在史玉柱的一生之中，最让人惊心动魄的就是他因为投资巨人大厦导致资金链断裂，而几乎破产。后来，连史玉柱自己也分析说：资金链断裂的原因，并不仅仅是因为巨人大厦，而是因为自己当时认为做什么事都能成，所以过于冒进。其中就涉及了前文所讲的他当时的80%负债率。

“成也萧何，败也萧何”，可以说正是因为史玉柱的这段失败的经历才让他以后的道路更加平坦、广阔。史玉柱的故事也提醒我们要避免“二次富裕”。什么是二次富裕呢？就是一个人通过自己的努力获得了很多的财富，但因为自己的失误，导致破产，之后再通过加倍努力，东山再起，再次富裕。

为什么我们要避免“二次富裕”呢？因为二次富裕会将人的生活搅得一团糟，对当事人的心理造成很大的创伤。这都是毫无必要的。更不要说因为失去财富，导致当事人错失了10年的机会。我们前面在避免损失这一节中已经讲过，亏损本金是不利于复利作用的，更不要说是清零本金了。我们可以看一下福布斯排行榜上的大部分富翁，他们大多都是白手起家，而且绝大部分都是顺风顺水，很少有经历过二次富裕的。当然，如果一个人在事业上失败了或者进入了低谷，应该有东山再起的雄心、能力和毅力。这是毫无疑问的。但是，避免亏损和失败是更应该被关注到的。

为什么史玉柱说“我的追求速度是最慢的，实际和他们比较，我们的成长发展是最快的”呢？这就跟在高速公路上开车是一个道理。在高速公路上开车，是90公里的时速快呢，还是150公里的时速快呢？真实的答案往往是前者更快。因为我们如果按照150公里的时速开，可能开了一会儿就出事故了，而停在路中间处理事故、维修车子也要耽误时间，而且是很多的时间。那么，如果一直按90公里的时速开，从时速上看似乎慢一点，但安全、稳当地到达了目的地。总的一算时间，以150公里时速开车比以90公里的时速开车还要慢不少。这个道理很简单，“避免出事故”比单纯追求时速快要更加节省时间，换言之，也就是更快了。一旦出了事故，我们就要花几倍的时间和精力去处理它们。这是完全得不偿失的。他人在这段时间内顺风顺水，即使走得慢一点，也比我们走得远。

保持比较充分的现金储备，就能够规避很多风险。从理论上来说，如果一家企业的资金链不断裂，它也就不会倒闭。事实的情况更是如此。无论是对于企业，还是个人，道理都是一样的。过于冒进，导致现金紧张，稍有一些风吹草动，就会波及资金链的安全。

现金储备可以避免贱卖资产

在我国，改革开放以来，几十年的时间，经济是一路向前快速增长的。人们普遍都没有经历过如欧美几乎 10 年左右就会遇到一次的金融危机、经济危机，这就导致人们对如果遇到此类情况所需要提前做出的准备毫无经验。因为没有经历过，所以也缺乏对经济危机的认识。但是，以前不代表现在，原来的表现也不代表着今后的表现。随着我们国家的不断开放，必定和全球市场的联动会逐步加强。

金融、经济危机是一个经济现象，无论好坏，它都存在，而且通常是 10 年左右便会爆发一次。现金储备是应对经济危机的最强力保障。一旦普通人丢掉了工作或者做生意的人生意收入急剧减少，那么劳动收入就会立即大幅下降。而此时，我们的支出却不会有什么变化。在这个时候，只有充足的现金储备，才能够让我们挺过难关。相反，如果在经济危机爆发的时候，我们没有充足的现金储备，那么只能动用自己之前构建起来的长期复利投资。这就会极大地影响我们的长期复利投资组合的建设。在任何时候，贱卖资产都是对创造财富非常不利的。在经济危机爆发的时候，大部分的资产都会贬值。这个时候，不仅不是抛售资产的时候，更是购入中意资产的时候（经济危机总会过去，而到那时候这些被打折的资产的价格将会加倍上涨）。而此时，如果因为没有充足的现金储备，而迫不得已只能动用自己的投资本金，这就会令我们不能够实现“长期”的投资。何况这时的大部分投资的市值都是被打折的。所以，能够执行“长期复利投资”不仅仅在自己的决心、自律的主观能动性上，更在拥有充足现金的实际要求上。后者才是能够实现长期复利投资的硬性保障。仅靠决心，而手里没有粮，是不行的。到荒年来临，家里库房又没有粮食，不逃荒的话，只能被饿死。

常言说，“一文钱压死英雄汉”，当没有现金支付各项账单的时候，也就只能动用自己的“长期”投资了！关于这一点，我们每一个有心于创造财富、建立自己的长期复利投资系统的人都需要格外注意。那么多聪明人之所以没能挺过自己的险境，之所以没有熬过经济危机，之所以贱卖自己的资产，之所以动用自己的长期复利投资本金，并不是因为他们笨，并不是因为他们不知道自己这是在打折甩卖，而是因为形势所迫。

巴菲特的现金之道

巴菲特是当之无愧的投资大师，他的伯克希尔·哈撒韦公司如今市值几千亿美金。但是，该公司所持现金储备高达一千多亿美金。几乎全部的现金储备被投资于一年期以内的短期美国国债。伯克希尔·哈撒韦公司目前是美国一年期以内国债的全球最大持有者。市值几千亿美金，却持有现金储备一千多亿美金。而且，现金占了市值的五分之一左右。打个比方说，如果现在伯克希尔·哈撒韦公司的所有业务一瞬间全部蒸发了，仅仅剩下持有的现金储备一千多亿美金，那它的市值仍然能够达到一千多亿美金以上。这么高比例的持有现金让大部分人汗颜。巴菲特难道不知道好好利用现金吗，难道不知道现金的收益率很低吗？

巴菲特曾经明确说过：“长期来看，现金是无利可图的投资，但你总要有足够的现金，以避免别人可以决定你的未来。”我想：巴菲特这句话是可以反复阅读以致深刻铭记的。

无论是抵御随机爆发的风险，抑或是抓住可遇不可求的投资机会，都要求我们必须存有足够的现金。如果没有充足的现金，当危机爆发的时候，我们自然会身不由己，求助他人，或者由他人来决定我们的命运。我认识的一个民营企业家，在一次个人的危机中，仅仅因为不能够及时支付部分的款项，导致他丧失了他们家庭打拼几十年的资产，总共有两千万元左右。虽然之后通过努力，他也东山再起了。但是，如果在之前他能够保有充足的现金储备的话，危机便不可能伤害到他。所有这些流动性危机从总的金额上来说，其实占个人资产的比重并不大。但如果一时周转不开，则会连累长期复利投资的建设，甚至危及积累多年的财富安全。

人总会经历一些风波的

大部分的人，要么是完全不投资；要么投资就动用自己每一分能够调用的钱。这都是不可取的。我认识的一位人士，就曾经贷款买3套房。虽然在平常的日子里，这不仅没有问题，而且让他比其他人多赚了很多。但是，最后因为其中一家银行的一年期贷款无法继续贷给他，导致他的资金链断裂。而房产这种流动性很差的固定资产，虽然平时价值标写得很高，但紧急出售却并不容易。最后这次短短的风波使他失去了这3套房产。那几年前前后后的忙碌，竹篮打水一场空不说，还让他欠下了很高的债务。虽然通过后来的努力，他还清了债务，但逝去的时间却永远不会再回来。如果他当时能留有余地，存有现金在手里，也能安然度过所有的风波。那么，现在的境遇也就大不相同了。

即使经济危机以及一些个人危机出现的概率很低。但从长期来看，我们都会经历一些风波。这时候必须得有充足的现金储备才能够安然度过。而过度投资，将自己每一分能够调用的钱都用于投资的人，在遇到这些风波的时候，会把之前过度扩张赚的钱，全部连本带利地赔进去，甚至产生更严重的后果，诸如破产之类。

机会来时，手里有钱才抓得住

让我们保持“手里要有现金”习惯的原因还在于机会总是可遇不可求的。在一段漫长的岁月里，我们总能遇到一些令人垂涎的良机，这时候只有手里有能够调用的现金，才能够抓得住。

当经济危机爆发的时候，虽然很多企业和个人会遭遇一些危机，但不得不说，这也是市场上出现大量“肥肉”的时候。

在经济危机爆发后，股票指数会一直往下跌。道琼斯指数通常在经济危机爆发后的 1 年 ~3 年时间内跌掉 50%。这绝对是入市的好时机。稻种只能在春天的时候播种，等到秋天就会长得很好了。所以，会做投资的人，通常会在经济危机爆发后的时间开启“买、买、买”的模式，而不是像更多的人那样在那段时间“卖、卖、卖”。但是，你有没有想过，为什么这些人买，而那些人卖呢？除了危机影响导致的恐慌性抛售因素外，最根本的动力，在于这些人“能够”买，而那些人“必须”卖。“能够”是因为这些人保持很好的现金储备，以使他们在危机的时候有充足的实力可以采购。“必须”是因为那些人由于爆发了经济危机，急需变现资产以解决手上的各种待支付问题。所以，之所以这些人能够“买、买、买”，除了他们的过人见识之外，更在于他们拥有现金实力。在经济危机时刻，大部分人都自顾不暇，哪里有多余的资金用于收购呢？但是，机会总是留给有准备的人。这些人在平日里已经准备好了。而那些“卖、卖、卖”的人，除了因为目光短浅之外，更多的原因还在于他们无法支撑继续拥有这些资产的现金流了！这是硬性的条件。一旦无法达到支撑自己资产的现金流，不舍弃只能带来更糟的结果。比如自己拥有的房产，当经济危机导致失业了，以致没有办法继续供养房贷，那么只能打折贱卖房产以求尽快脱手出售掉。不尽快脱手的后果，就是银行直接把房产收回。所以，之所以“卖、卖、卖”根本的原因在于形势所逼，不得不如此。和记黄埔有限公司集团前董事总经理评价李嘉诚的话，可以作为此处的注脚：“我为李先生工作了10年，工作愉快。他听取管理层的意见。这方面他汲取了西方的管理模式。他的成功之道，其中一点是时间的掌握——在市场沉寂时投资，因为公司财务状况保持良好；另一方面，他速战速决，好的交易不会在市场里待太久，所有人都想得到它，因此果断的人往往能得到它们。而李先生的故事，离不开一连串的好交易。”

“在市场沉寂时投资，因为公司财务状况保持良好”的含义正是我们所强调的。好的投资机会往往出现在市场沉寂的时候、经济危机之中，因为很多人在这个时候都引火在背，急于脱身，市场中的投资标的往往是大幅打折的。而在大部分人陷入麻烦的时候，为什么你反而能够做出购买的决策呢？正是因为你手里存有充足的现金。

如果想要做好长期复利投资，手里就必须有足够的现金。这就像是数学函数里的平衡最大值一样。手里有现金，是对你的长期复利投资的保障，也是当机会出现的时候能够支撑你获得它的硬性条件。

第十二节

要不要批判复利

现在，关于“复利”，我相信你应该比原先对它的认识深入多了。总之，你要知道，“复利”才是构建一切财富大厦的基石。

虽然关于复利的部分，我尽可能详实地进行了阐释。但是，毫无疑问的，在一些人看来，这仍然是没有什么必要的。因为人群中就是有很多人自然而然成了“否定意见者”。“否定意见者”总能“非常聪明”地提出各类否定意见。只要你向他们表达了一个建设性的方案，他们总能聪明地反驳并积极地证明你说的“这也没有用，那也没有用”。他们沉迷于坚持不懈地提出否定意见，以彰显自己的聪明才智。可是，他们忘记了回答一个最关键的问题：“到底什么才是有用的？”他们会提出一大堆否定的意见，唯独没有办法提出一个可靠的正向建设性意见。

否定意见是毫无价值的。我们需要的是解决方案，而不是反复向我们强调问题的困难程度。没有人不知道做成一件事情的困难。事实上，对于我们做事的人来说，我们比他们更加了解做事的困难。做成一件事往往比做坏一件事难得多。把时间浪费在论证为什么这件事情、那件事情要做好是困难的，不会产生任何价值；有价值的是，思考如何才能把这件事做成。

复利是构建一切财富的基石。富有的人对复利都有着深刻的理解，而贫穷的人却对复利知之甚少。一些哗众取宠的人甚至会驳斥复利的重要性。多了解一些各方意见并没有什么不好，但听取了之后，能够明辨是非是最关键的。

那些驳斥复利的观点，并没有提出什么解决方案的人，他们只是在一味强调把事情做成的困难程度。这世界上，只要想做成事情，没有什么是唾手便可得的，没有什么是靠睡大觉解决的。如果按照他们的思路来行事，最终我们会退化为“认真工作 + 储蓄”的模式。

我们在前文已经详细介绍了复利的力量以及一些如何搭上复利的快车道的方法。努力工作是必要的，但我们也要拥有自己的自动收入“河流”，并且，随着时间的流逝我们的自动收入“河流”将越发宽广。带着对复利的思考，在接下去的人生旅程里，我们自然能够建立起自己的事业。

第 三 章

本源的提升

本章导读

第一节　拒绝改变

第二节　区分小钱和大钱

第三节　抱怨和自我承担责任

第四节　负面思维

第五节　追求立即见效

第六节　背煤者：思想上的懒惰

第七节　打工也是做生意

第八节　价值观决定命运

第九节　让你的钱为你工作

第十节　为什么能够“坚持”

第一节 拒绝改变

自动收入“河流”是我们的生命线。我们必须努力开凿出属于自己的自动收入“河流”。我们因为拥有了自动收入“河流”而实现了财务安全，乃至财务自由。开凿一条自动收入“河流”，你曾经对此毫无概念，对于现在的你来讲这就是极大的进步。任何进步都是改变的结果。你改变了原有的“努力工作 + 储蓄”的观念，而加入了开凿自己的自动收入“河流”的行列。为了实现你的目标，你必须要做出改变，否则，你现在应该就已经达到了目标，也就无所谓“进步”一说了。没有人是完美的，改变是人生任何阶段乃至任何时刻都需要做出的选择。

当我们面对人生困境以及不如意的时候，我们要知道现在的一切都是由过去的自己造成的。现在由过去决定，而未来由现在决定。所有的影响都是延迟的。现在的好，并不是代表我们现在做得好，而是我们以前努力的结果所得；而现在的坏也是如此。所以，当我们发现“现在”不好的时候，并不要期望立即改变现在的局面。因为这并不是我们能够改变的，这是我们“之前”的所有行为带来的结果而已。我们能做的是改变现在的自己，而在“将来”改变这个局面。这个道理是如此简单，也是如此容易被人忽视。

当人们发现“现在”坏时，他们总是急于改变现在的局面。他们希望现在只要做了几件事情，然后立马就能发生天翻地覆的变化。他们不知道现在是由以前决定的，以前的积累导致了现在的局面。马上改变现在的局面是不切合实际的。这种误解导致他们感到对生活无法掌控的无力。于是，多数人放弃了挣扎，而少数人走上了铤而走险的道路。

当人们发现“现在”好时，总认为是现在的他们让自己享受到了现在的果实。所以，他们放松了警惕，往往搞糟了现在手头正需要完成的事。而在不久的将来，他们会为此付出代价。

“之前”“现在”“将来”的关系是不间断地联系在一起的。倘若对其中某一环节不满意，就需要对“前一”环节进行改变。拥有“改变”的心，才是实现优化的核心。

看看我们的周围，大部分人对于“改变”不仅毫无兴趣，而且心怀最深的抵触。他们对于别人的建议最通常的反应便是：“不，你这么说是不对的！我这样做才是对的！”让他们改变是困难的，因为他们从来没有认识到自己需要改变。他们认为自己所有的行为都是合乎情理的，从来不会反思一下自己能否做出改变的尝试，哪怕是一点点的努力。在他们看来，世界之所以会产生富人和穷人，纯粹是因为运气或者出身。他们在金钱上的困境，在他们看来，显然错在自己的领导没有给自己机会，错在自己的单位没有发展前途，错在生在了一个平凡的家庭……反正错的地方很多，他们唯一没有想过的就是自己能否做出一点点改变。他们并没有什么恶意，只是根本没有意识到还有改变自己一说。大脑的设置使他们从来不会出现改变自己的念头。这真是令人感到惊诧。实际上，他们的脑子里少了一个元器件，这个元器件的作用就是提醒自己："我是否改变？"即使思考之后认为自己不应该改变，那也是思考之后的结果。比从来没有认识到自己还需要改变的情况要好得多。另有少数人能够在当时理解他人建议的正确性，但他们无法付诸实践。他们长久以来所有行为的积累，已经深深地在他们的大脑里形成了牢不可破的车辙。他们的行为模式已经被限定在类似钢铁般牢固的既定反应之下。即使当时他们认为自己需要改变，也会在几天甚至几分钟之后，仍然是老牛走老路——照旧。这是任何追求进步的人需要警示自己的。我们从懵懂无知的孩童直至成长到熟谙世事的成人，每时每刻无不受到周遭环境的影响，在一件一件具体的人和事的指引下，一步一步走到今天。正是这么多内化到无须思考而能做出反应的经验，让我们形成了很多思维定式。所以，当我们现在突然得到一个和我们之前的经验相悖的观念时，我们最可能的反应自然是"拒绝"。如果我们的大脑缺少了提醒"改变自己"的元器件，你便知道这有多么可怕了，因为我们会不自觉地，连自己都没有意识到的，拒绝做任何"改变"。这里，最可怕的地方，在于连我们自己都没有意识到它的存在——也就无所谓遗憾或者懊悔了。

拒绝"改变"等同于拒绝"进步"。如果某人对自己的现状不满意，而又在同时拒绝进步，那么，即使把机会的金项圈套在他的脖子上，他也会毫不犹豫地把它扔到九霄云外。因为他向来是不戴项圈的，这个改变他可绝对不能接受。他能接受的只能是所有都不改变，而只是自己面对的困境直接转变。如果给他一个机会，他会在内心中咆哮："为什么只给我一个金项圈，难道不知道我从来不戴项圈的吗？为什么不直接给我一堆金币？”是的，聪明的人都知道，这个人需要的不是金币，而是一个可以接受改变的脑袋。

以前，有一群小金鱼生活在鱼缸里，它们过得惬意无忧。它们每天除了睡觉，就是饱餐主人特意准备好的丰盛鱼饵。有一天，一只叫金金的小金鱼对它的同伴们说：“我们从出生到现在一直生活在这个鱼缸里，虽然不愁吃喝，然而，每天只能面对同样的渣泥、砾石和水草。鱼缸是这么小，连让我们一展拳脚、练习冲刺的空间也没有。我想要改变这一切——我要去河流里。”其他的同伴听到金金如此说，简直不敢相信自己的耳朵。它们惊叫道：“你疯了吗？我们是金鱼！我们生来就是要生活在鱼缸里的！”“鱼缸多么美好，永远不愁鱼饵的匮乏，主人还会定期帮我们清理淤泥、维持清洁的水源！”“我们怎么可能去得了大河里？”“你知道大河里有多么危险吗？”“我们去了大河唯一的结果就是饿死！”……金金没有尝试向同伴们再次解释，它知道自己的选择，于是它开始了改变。金金开始尽量多地吃下主人撒下来的鱼饵，它开始锻炼肌肉和游泳速度，开始增加自己的耐力和爆发力。渐渐的，它的肌肉开始逐渐变得有力，它的体形变得越来越大；渐渐的，它变成了一条鲤鱼。而它的同伴们仍然悠然自得地吃着每天都会准时到来的鱼饵，仍然过着日复一日的日子。

因为金金变得太大了，而且也因此丧失了观赏性，一天，主人就把金金用网兜兜了起来，带到河边放生了。金金实现了它的河流梦！宽广的河流和鱼缸真是有着千差万别。金金奋力摇起尾巴在河水里穿梭，它开心极了。但是，金金知道自己想要什么，它并没有停止改变。它的新目标是要去大海里。它对河流里的鲤鱼分享了它的新想法，它们大叫道：“你疯了吗？我们生来就是要生活在河流里的！”“河流多么美好，有丰富的鱼饵，水流平静，没有风浪！”“我们怎么可能去得了大海？”“你知道大海里是多么危险吗？”“我们去了大海唯一的结果就是饿死！”……金金一如既往地没有停下来继续解释。它知道倘若要去大海，现在的自己是不够资格的。它需要更强壮的体格，更健壮的身躯。它开始每天向遥远的出海口游去一点。在这一路之中，它尽力寻觅更多的食物，游的时候用更快的速度。渐渐的，它的身体变得更加强壮。经过了很久，它终于离出海口近在咫尺了,河水已经随着潮涨潮落而变得忽咸忽淡。而金金呢，现在已经变成了一条虎鲨，虽然它的体型没有大洋里游弋的虎鲨巨大，但已经初具规模和气势了——它做好了前往大海的准备。

第二天一早，迎着血红的朝阳，金金奋力拍打尾鳍，径直游向大海。一路之中，所有的记忆如同幻灯片般在它的大脑里飞速划过。

来到大海的金金才知道，之前它所经历的最宽广的河流，也比不过大海的万分之一。这里一望无际的海底、成群结队的各色鱼群都让金金叹为观止。金金把自己的经历告诉了它在大海里的邻居。那些邻居都惊叹道:“世界上竟然还有生活在玻璃瓶的鱼！”“世界上竟然还有生活在浑浊狭小水里的鱼！”“那种悲惨的状况怎么能够忍受呢！”金金却淡淡一笑。

我们的社会就像一个大水塘，里面有金鱼、鲤鱼、虎鲨、蓝鲸……有些人生下来是金鱼，只会做一辈子的金鱼。而他们不明白的是，后面更高级别的鱼也都是由金鱼进化而来的。只是有些人能够持续不断地进化，一步一步地从金鱼进化成虎鲨，甚至是蓝鲸。在这中间，他们的观念之一就是不拒绝改变。如果那个最后进化成虎鲨的人，在最初身为金鱼的时候便是一个拒绝改变的人，那么他又怎么能够产生进化呢？拒绝改变，当然不会有任何进化发生。改变是进化的基础啊！

接受改变吧，不要做一个拒绝改变的人。保持心灵的麻木让你和那些甘愿待在鱼缸里的金鱼没有任何区别。它们没有意识到自己能够改变，并且也寄希望于自己的环境一成不变。但这只是幻想，当停电导致鱼缸里的供氧泵停止工作，或者当它们的主人因为搬家而懒得去折腾鱼缸，它们的命运便可想而知。

我们在任何情境下，唯一能做出改变的只有我们自己。我们只能掌控自己可以掌控的，对于我们不能够掌控的，我们绝不要去在意以及浪费时间——我们只要在这些不可改变的条件下努力就可以了。我们自身是自己可以完全掌控的。所以，我们应该花心思在改变自己上，将时间和精力用在做好该做的事情上，而不是纠结、抱怨、批评那些无法改变的环境。太多的人在面对困难的时候、在面对问题的时候，他们的注意力是放错了地方——他们把宝贵的注意力放在了他人、他事上。要知道，这些他人、他事只是你生存的环境之一而已。

当我们真的开始改变自己，而开始“进化”的时候，我们的环境也会随着自身的不断进化而发生改变。就像鱼缸之于金鱼，河流之于鲤鱼。我们是一只金鱼，就只能生活在鱼缸里；我们是一条鲤鱼，便能够生活在河流里。一条金鱼一定要求自己的环境需要像河流一般，是没有实际意义的。环境确实不是我们应该花心思去改变的，只要自身做出了改变，我们的环境也会焕然一新。

第二节

区分小钱和大钱

在财富领域，我们需要明确的一个概念，即注意区分小钱和大钱。如果我们不能对小钱和大钱进行区分，后果和我们混淆“资产和负债”的结果一样严重——我们将不能做出正确的、有利于财富积累的决定，这往往是有损于我们的自动收入“河流”的挖掘的。随着时间的流逝，复利持续不断地产生作用，不断选择的积累将导致无法逾越的巨大鸿沟。自动收入“河流”才是我们的生命线，拥有一条自动收入“河流”是一件普通人都可以实现的事，但我们必须要对与财富相关的概念有正确的认知，而小钱和大钱恰恰是其中重要的一环。

1万粒芝麻的重量比不了1个西瓜。勤奋地一粒粒拾取芝麻，敌不过目标明确地摘取西瓜；为了拾取芝麻而丢掉西瓜，显然是不明智的。这个道理似乎是所有人都明白的。市井街口闲谈的人也经常用嘲笑性的口吻批评某人“丢了西瓜，捡了芝麻”。但是，环顾我们的四周，真实的情况却远不如语言表达上看起来那么泾渭分明。还是有那么多的人丢掉了摘取西瓜的机会，而去奋力地拾取芝麻。生活中此类例子不胜枚举。那些积极捡了芝麻的人，往往还认为这是理所当然。小的可以小到免费鸡蛋的事，大的到可以大到买房的选择。

比如，十分火热的住房公积金贷款一事。在不同的人看来，会有不同的角度。住房公积金贷款的特点是：利率低于商业银行按揭贷款；如果不使用，这笔钱暂时也只能存放在公积金账户上（于是，看起来显得不用便是浪费了这个机会）；公积金贷款的总额比商业银行能够提供按揭贷款的总额小很多。那么，在这种情况下，一对夫妻会做出如何的抉择呢？通常人们都是尽量使用公积金贷款，而不去动用商业银行的按揭贷款。因为看起来后者的利率会高一些。可是，买房这件事，动辄以百万元计，而公积金贷款的金额相对于所购房屋的总价来说仅占一个小比例。如果以公积金的视角来选择“是否购房”“购买多大面积的住房”“购买哪个位置的住房”，显然值得商榷。那些认为占了公积金便宜的人，在绝大多数情况下，其实不过是捡了芝麻、丢了西瓜而已。

下面，我们这里略作分析一下买房用住房公积金贷款这件事。

例如，已经有了住房，仅仅为了使用公积金额度（不让钱闲着）而买房投资的人。既然出于投资目的，那就应该选择最合适的投资项目。仅仅因为两元钱而决定做10元钱的生意，会让另外的8元钱产生收益上的浪费。总体算账来看，是不划算的。

再如，以公积金的额度（公积金 + 自有资金 = 总房款）来限定自己的住房买多大面积以及买在哪个位置（面积和位置都决定了房屋的总价）。可以想见的结果，就是买到了一套比原本通过商业贷款可以购买到的总价更低的住房。总价更低也就意味着当房屋升值的时候，所获得的资本增值收益是更低的。如 100 万元的房子，公积金贷款 20 万元。如果房屋升值 20% 至 120 万元，那么资本增值 20 万元。而如通过商业贷款贷到 90 万元，购买到 170 万元的房子。同样升值 20%，房价就是 204 万元，那么资本增值 34 万元。仅仅这一项，20% 的增值就拉开了 14 万元的资本增值差距。而且，通常房屋的价值还会随着通货膨胀的上涨不断上升。另一方面，公积金贷款的利息虽然低，但其实商业银行的按揭贷款利率也不高，两者即使相差两个百分点的差距（比如前者 3%，后者 5%，在很多地方差距实际并没有这么大），看起来似乎很大的差距。但我们以 100 万元贷款额度举例，前者的年利息是 3 万元，后者是 5 万元，其实仅仅相差 2 万元而已。

通过上面的分析，我是想说明，公积金贷款的利率确实低，但相对于能够获得贷款额度更大的商业银行贷款而言，其实选择公积金贷款是得不偿失。当然，我们指的是那些希望获得财富、拥有自己自动收入“河流”的人，也就是本书的读者朋友们。这种错误选择的源头，在于人们误把一个看起来诱人、实则不重要的因子当作一件更大事件的决定因素。比如公积金贷款占房屋总价的比例很低。购买房屋的目的无论是出于投资，还是自住，抑或是想两者兼得，都需要首先满足最大方向上的目的（投资就要站在最佳投资的角度上考虑，自住就要站在最佳自住的角度上考虑），而不能被公积金这件小事所裹挟。

芝麻和西瓜是不可兼得的，我们永远不可能一手捡芝麻、一手摘西瓜。当我们拾取芝麻的时候，就丧失了摘取西瓜的机会。当我们习惯于拾取芝麻之后，我们也永久丧失了摘取西瓜的能力。摘取西瓜不仅需要对此有明确的认识，更需要克制住每时每刻面对芝麻诱惑时能够保持持续不断的拒绝。如果没有正确的认知，拒绝芝麻是困难的，因为芝麻是很容易获取的，每当获取之时，我们都能获得一点快感；而西瓜可不是经常性的能让你见到成果、得到快感的，它不会给你即时、明确的反馈。所以，能做到这点，需要我们对摘取西瓜的坚持和耐心，以及对于拾取芝麻的不屑。而坚持和耐心并不来源于克制；不屑并不因为不自量力的藐视，这都是来自于对事物背后发展逻辑的理性、正确的认知——我们明确地知道：如果想要得到西瓜，就必须要放弃芝麻。

对于很多人来说，“蚊子再小也是肉”，事实上，这就是一种典型的芝麻思维。蚊子的肉确实是肉，但你有没有想过，当你去吃蚊子肉时，并不是没有成本的。倘若看着漫天飞舞的蚊子，花上个把小时去捕捉，我们所消耗掉的热量都已经超过了从捕获的蚊子肉里所能取得的热量，这还不算上你因为花了数小时而浪费的时间成本。我们的时间、精力都是自身的成本。对于追求进步的你，时间是你最宝贵的财富，而你的精力又是极为有限的。比如你一天有多少时间可以阅读？那么，你阅读的时候又有多少时间能够持续地集中注意力呢？我们的时间和精力都是有限的，必须要把有限的资源集中到最重要的事情上去。

追求开凿出一条自动收入“河流”的我们，必须要舍弃“蚊子再小也是肉”这类观点。这种似是而非的观点对于我们的自动收入“河流”的开挖毫无帮助。我们的时间如此有限，不应该浪费在这些细枝末节之上。即使我们一辈子什么重要的事也不做，把这些细枝末节的小事做得再完美，也不可能积累多少财富；而当我们集中精力做好重要的事，这些细枝末节的小事即使一笔带过有点损失，也无碍大体。不必担心把这个秘密告诉他人。大部分人对小钱和大钱没有概念，他们在芝麻出现的时候，仍然会忍不住去捡。有心摘取西瓜的人总是少数，所以，你绝不愁没有足够的西瓜。小钱并一定是金额绝对值小，大钱也并不一定是金额绝对值大。它们只是形象地代表了两种不同的思维模式而已。

我们看下那些抓了小钱，喜欢捡芝麻人的例子：为了节省手机流量，当自己在没有 WiFi 连接的地方就关闭手机的网络连接功能；为了节省 10 元钱油费，单独驾车去加油站，因为明天汽油就要涨价了；为了赚几百元代购的钱，每次出国旅游都会花时间帮朋友带不少东西……

捡芝麻也是有成本的。最大的成本就是导致你没法再去摘西瓜了。一旦你习惯于拾取芝麻，你更会认为这是理所当然的。如果有人提醒你这是捡芝麻，你不仅不会认为这是严重的问题，而且会认为指出你问题的人简直就是无理取闹——难道非要大笔挥霍吗？倘若以这个问句结束讨论，便就是典型的抬杠。抬杠是最简单易行的拒绝新思想、新理念的方法，因而任何拒绝进步的人都掌握着一手精细的抬杠技巧。任何讨论都要限定在合理的范围之内，世界上不存在非黑即白的事，不拾取芝麻，并不代表就需要用力挥霍。

改变观念通常被认为是非常困难的。因为观念是经过长久的生活细节逐渐形成的。你可以想见，如果需要改变这些观念，得有多大的难度。这难度就在于即使有人告诉了你正确的道理，你也很难在情感上去接受。好在有一个强有力的工具：理性和逻辑。通过理性和逻辑的分析，你可以得知这件事情是对的还是错的，而不是好的或是坏的这样一种主观的情感认定。

我们需要摘取西瓜，而西瓜和芝麻不可兼得。所以，答案就是我们必须舍弃芝麻。这就是理性和逻辑的分析。

那些拾取芝麻的人，他们把时间和精力耗费在了毫无实质意义的琐事上。那些琐事即使他们个个都能抓住，也没法改变他们现在的命运和轨迹。更为本质的是，看到芝麻就捡的习惯，已经让他们丧失了摘取西瓜的思考能力和行动能力。因为他们已经不知道除了芝麻之外的事情了。实际上，此时的他们已经无法辨别西瓜了。即使你放个大西瓜在他们脚底下，他们也会一脚踢开，而跑去继续捡芝麻。

捡芝麻是轻松的、唾手可得的，也是他们一直在做的，这对他们来讲是轻车熟路。每捡一撮芝麻，他们就能高兴好一会儿。如果你告诉他们，应该放弃捡芝麻，要去摘取西瓜。他们会嘲笑你不了解所谓的他们口中的实际情况，诸如：“我这里没有西瓜”“我不懂摘西瓜”“我虽然在捡芝麻，但并不会影响我摘西瓜”……你看，就是有些明晃晃的道理，人们就是能全然不顾；人们就是能通过各种各样的理由拒绝改变，从而让自己活在自己营造的心安理得的假象中。

第三节

抱怨和自我承担责任

如果世界上有什么思维对建立财富是有害的，那么抱怨肯定能够排进首列。抱怨是一剂毒药，它让奋斗的人变得颓废；让积极的人变得哀怨；让锐于进取的人变得止步不前。它更让平凡的人不敢抬头看见远方；让跃跃欲试的人退回原地；让受到生活挫折的人踟蹰不前。

抱怨是任何人都不希望有的标签。即使最喜欢抱怨的人，也不希望别人冠之于抱怨的标签。但世界上抱怨的人显然不在少数，不仅不少，而且几乎遍地都是。即使这样一个被大多数人否定的概念，依然广泛存在于大多数人的身上，这本身便是很有趣的一个社会现象。

当遇到事情的时候，大多数人仍然不自觉地开始抱怨。有时候那些事情都是莫须有的，大多数人也一定要找一个可以抱怨的理由来消除自己心中的怨念。比如，家里的水表坏了；爬了10层楼梯而自己忘了带钥匙；高速公路上发现自己的轮胎气压不足……在发生这些事情的时候，我们大脑的第一反应是什么？大部分人的第一反应是——责备他人。这简直是非常奇妙的一个现象。比如，他们爬了10层楼梯，发现自己没有带钥匙，他们的第一反应就是气急败坏地抱怨和他同行的人为什么让他现在爬楼呢？抱怨早上买早餐的时候，那个小贩催他尽快付钱使他乱了阵脚；抱怨昨天晚上他的朋友让他吃得太饱以至于今天早上竟然脑子稀里糊涂……当你和这些人相处的时候，你要知道，当他们搞砸任何一件事情的时候，他们从来都不会从自己身上找问题，他们总是迫不及待地抱怨他人他事。这类人是人群里的大多数，当你知道了这个道理，如果你属于这类人，现在你就应该彻底改变；如果你不属于这类人，要提醒自己这个奇妙的现象，当你遇到一些莫名其妙的埋怨的时候，不需要感到惊讶和愤怒。

据说人大体上分为两类，可以通过一个实验进行简单的区分。

一个人坐公交车，车上人很多，车厢内拥挤不堪，他的钱包被偷了。这个时候，他通常有两种反应。一种是喊：“我的钱包怎么被偷了，你们公交车是怎么管理的！”“我的钱包被偷了，警察怎么不管管！”另外一种是反思、检讨自己：“这次钱包丢失是我什么地方做得不对？下次怎么做才能避免丢失钱包？”

上文这个例子我跟很多人提了很多次，它简直是辨别人群最简单明了的方法之一。例子可以更换，但背后的思维逻辑却是一致的。当我们的抱怨在大脑里生成，甚至当抱怨脱口而出的时候，即使它们披着“真、善、美”的外衣，隐藏得很深，我们也能马上闻到那强烈的负面气息，警告我们那就是抱怨。那种对他人他事的抱怨即使怎么变幻，仍然不会改变抱怨的本质，更不会改变抱怨对我们自己的伤害。

抱怨对我们最大的伤害是什么呢？最大的伤害是使我们自身丧失了承担责任的魄力。你会想："抱怨和责任有什么关系？"或"我倒是知道抱怨是不对的，但不自己去承担责任倒没这么严重吧？"这里我们首先要说说一个人为什么会抱怨。一个人在抱怨，含义就是现在的情况本不是自己应该承受的。比如公交车上丢钱包的事件，抱怨的人之所以对之抱怨，是因为他们认为这件事情的发生是别人造成的，不是自己造成的。试想，如果他们认为这件事情完全不是别人的原因，而全都是自己的因素造成的，他们哪里还会产生什么抱怨呢——他们只能产生自责。如果他们的第一反应不是迁怒于他人他事，他们自然也不会产生抱怨。还有很多类似的例子，我们可以从中分析得出，只要他们不责备他人他事，他们就不会抱怨；从自己身上找问题，把责任揽在自己身上的人是不可能产生抱怨的。

有些人会提出异议："为什么要把责任揽在自己身上？难道他人他事就没有一点责任吗？这样做对自己是不是太不公平了？"这是一个好问题。他人他事在客观上可能还真有些问题。比如你选中了一只股票，购买的第二天其价格就跌了一半。你说这是谁的责任呢？给你推荐这只股票的财经节目的责任？借钱给你炒股的朋友的责任？甚至是股票本身的责任？——因为股票如果不跌就万事大吉了……你能说这些他人他事都没有责任吗？他们看起来确实个个都有不可推卸的责任。但是，你有没有想过股票是谁的呢？答案当然是你自己的。股票跌了是你自己承受损失；股票涨了也是你自己享受收益。股票跌了，别人不会帮你承担损失；股票涨了，你也不会多撒钱给他人。太多的人在股票跌的时候责怪他人他事；在股票涨的时候又心安理得地赞叹自己的"正确决策"。这显然不是一个逻辑正常的人应该做的。

事实上，我们的股票涨跌是我们自身必须上心思做好的工作。我们必须要把购买哪只股票、如何购买、何时卖出、卖出多少，这些最大的责任全部揽在自己身上。

他人他事对我们是有影响，但是，一个追求开凿自动收入“河流”的人，必须要把全部责任揽在自己身上。这样我们才能真正花心思在自己身上找问题，从而改变自己。我们的环境无论我们如何责备，它们都不会产生任何实质的变化。我们能控制的只能是我们自己。我们需要把精力集中到自身能控制的事情上，而不是把时间、精力浪费在自身不能控制的事情上。我们对他人他事的埋怨、责备，除了发泄了自己原始的情绪，还能够产生什么有益的作用呢？一个蹒跚学步的孩童也懂得将自己的玩具摔在地上以表达自己对它的不满。我们的情绪性的宣泄没有任何可圈可点的地方。这只是人类的本能而已。只有理性和逻辑的分析，才是人成长的标志。我们难道希望自己一直是一个孩子吗？你觉得一个孩童能够完成开凿出自己的自动收入“河流”的梦想吗？

一个希望把事情做好的人，首先就需要自己承担全部责任。排除了自己承担责任，任何事情都不可能从纸面落实到实际。如果你希望开凿出自己的自动收入“河流”，你认为谁应该对你的这件事情负责？答案当然是你自己。完全、彻底地对自己承担责任，是成熟的表现，也是理智的表现。当你开始推卸责任的时候，就是你离做好事情最远的时候。

把责任全部揽在自己身上，这样你就可以远离抱怨。一个敢于承担全部责任的人，一定能够挖掘好自己的自动收入“河流”。因为他抱有完全对自己负责的态度。这种态度的人，把事情做好只是时间问题。不论发生何种情况，所有的责任都是我们自己的责任，我们必须要有这个观念，并要敢于承担。如果我们把责任推卸到他人他事上，表面上确实马上减轻了自己现在的心理负担，却让我们长久地丧失了进步的可能性。

我们来看一个很多人会碰到的小问题。一些人喜欢合伙做生意，如果这个生意失败了，你说是谁的责任呢？答案当然是你自己的责任。你可以分析出很多细枝末节的责任。但你有一个选择：你当时如果不决定入局，就不会产生这个后果。所以，即使这个生意失败了，在表面上你可以找到太多他人他事的问题，但在你的价值判断上，一定要知道，这仍然是你自己的责任，而且是全部责任。唯有这样，你才能够吸取经验教训，取得最大的进步。埋怨、责备他人他事是下下策，即使是在潜意识里也不应该有。你可以分析他人他事的问题，但最终的根源仍然需要落在自己身上。

任何对问题的分析，最终都要回归到我们自己身上。否则，这种分析是毫无意义的。我们分析了半天，最后都是别人的责任，那我们还不如直接回去睡大觉呢！因为这种不能将责任承载在自己身上的分析，对我们的进步是毫无益处的。在做事的过程中，有各种各样的选择。正是这些选择导致了最后的结果。做出这些选择需要我们具有相应的知识和判断力，而这些只能通过自己不断地学习和进步才能得到。

“自己完全承担责任，完全对自己负责。”这实际上是一个价值观。如果你不存在这个价值观，你要下定决心养成它。养成价值观当然是不容易的，这需要你的坚持。只要你不断地坚持“自己完全承担责任，完全对自己负责”，你终将会拥有这个价值观。拥有这个价值观的世界和没有拥有它之前，真的是完全不一样的。原来的世界是灰暗的，现在的世界是阳光的。一旦拥有了这种承担责任的价值观，你将会更加主动、积极，你开凿属于自己的自动收入“河流”的效率将会大幅提高。

甩掉你的抱怨吧！当你的抱怨已经快要脱口而出的时候，把它吞下去；当你的抱怨在大脑里产生时候，把它消融掉，最终将你的抱怨思想彻底铲除。所谓的“甩掉”就隐含有坚持的含义，而所谓的“坚持”来源于对事物理性和逻辑性的分析而得出的结果。所以，当你仔细阅读了本文，当你知道了抱怨的来源和危害，以及没有抱怨的巨大意义，就应该对铲除思想中的抱怨有了坚定的认知。

第四节

负面思维

负面思维就是对事物抱有先入为主的负面判断。负面思维就像瘟疫，既伤害别人，更伤害自己。

我们在生活里经常会遇到各色各类的负面思维的人。他们总是勤勤恳恳、不遗余力地到处传播负能量。当你靠近他们时，你要小心，因为你也很容易被感染。在他们口中除了批评，就是嘲讽，反正你想让他们满意？门都没有！他们总会说，你这也没用，那也没用；你这也不对，那也不对。但是，他们忘记了如何回答到底什么是有用的呢；到底什么才能是对的呢——这个最基本的问题。

我印象最为深刻的一个负面思维例子——我也和我的朋友们分享了很多次——就是我曾经在一家公司遇到的一个办公室职员，我就简称她为X吧。

我和一家公司合作了很多年，那家公司在国内的业务也做得很大。因为经常要和他们打交道，所以，我对他们办公室的职员都还算熟悉。其中的X令我印象深刻。X经常发朋友圈，而且话题除了各种自拍外，就是抱怨公司的事。诉说一下公司如何差劲、领导如何不行、环境如何凄惨，简直就成了她的每天要做的事。按照我的标准，我会立马删除这种好友。但考虑到她是必须要打交道的合作公司的职员，我就没有删除她，转而立马把她的朋友圈更新给屏蔽掉了。当我去他们公司办理相关业务的时候，我也总是听到X不停地在向她的同事嘲讽公司差劲、批评领导的无能。那些同事也一个个听得津津有味，并且跟着附和抱怨起来。

X就是这样一位不遗余力地向周围传播负面思维的人。她一定要把她对公司的各种负面看法准确无误地传达给每一个同事以及每一个打过交道的人才肯罢休。而且，她最大的本领就是坚持，她可不会说一遍就拉倒，她会反反复复地变着花样批评、冷嘲热讽。从我第一次见到她到现在也有5年时间了。这5年时间里她没有任何改变，她仍然在她的那个位置上不遗余力地批评和冷嘲热讽公司的种种不是。在她的抱怨下，他们部门的离职率是非常高的。所有离职的同事也都很容易带上了X负面思维的种子。奇怪的是，X虽然嘲讽了公司这么多年，但她仍然坚持在她自己的岗位上。一个5年工龄的员工，对于一家民营企业来讲，可算得上是元老级别的了。而且，我也丝毫看不出她有换工作的打算，她只是日复一日地不断地批评和嘲讽自己的公司如何差劲。

你可以想想：如果X是你的同事，你的一天时间会过得如何糟糕。当你早晨迎着阳光准备努力奋斗一番的时候，X会准时提醒你：你这种想法简直是异想天开，我们的工作就是毫无前途的，领导安排的工作根本没有意义，我们会一直过着毫无希望的生活……

负面思维不仅破坏你现在进步的动力，而且也会让你丧失进步的能力。在负面思维的浸泡下，你会被这种瘟疫感染。你也会不自觉地展现出负面思维的特征，最终你很快也会成为一个具有负面思维的人。负面思维就是瘟疫，它非常容易传播和感染。

将一个玻璃瓶打碎非常容易；将打碎的玻璃瓶恢复原状却十分困难。负面思维就是打碎玻璃瓶的动作——批评和嘲讽是非常简单的。在任何状况下，你都可以批评、嘲讽一番，比如：学习有什么用，成功的人都是念过书的吗？你说的这个方法有什么用，你看某某某按照这个方法做了不照样失败了？努力有什么用，还不如玩几局扑克牌呢？今天为什么是晴天，不知道田里的水稻要雨水吗……

批评和嘲讽简直就是负面思维的左膀右臂，它们总是争先恐后地从负面思维者的脑子里蹦出来。当任何人做了任何一件事，负面思维者都会对他报以各种理由的批评和堪称艺术的嘲讽。通常这种批评和嘲讽可以得到周边人士的极大欢迎。因为在这种对某人某事的批评和嘲讽中，让他们都自感高人一等了。你看，传播负面思维就是比传播正向思维要容易得多。负面思维的观点也更容易引起大多数人的兴致。负面思维的讨论也更让大多数人感到舒服。生活里有太多的不如意，看到别人也不如意，实在是对自己心理负担的莫大解脱。但是，对正向思维，大部分人都会表示不屑。这真是一个有趣的现象。正确的观点往往费力不讨好。因为能够先不急着否定，而是静下心来理性地进行分析一番的人，确实不会占人群中的大多数。大多数人都是模糊的、没有什么主见的。他们往往更愿意接受那些更容易被接受的观点。而负面思维的信息更容易被人接受。因为思维往下滑坡会比思维向上攀爬省力得多。向下会比向上容易得多，学坏也总比学好简单得多，道理就是如此简单。如果你想要成为正向思维的人，就需要更加付诸能量才可以。

一个传播负面思维的人，很少有人会去主动、积极的否定他。

但是，一个传播正向思维的人，立马否定他的人可就太多了。大多数人都喜欢被负面情绪包围的感觉，因为这证明了他们自己高人一等，或者至少他们没有退步，或者他们的不如意也是普遍的。总之，这让他们感到舒服。所以，你可以看到街边的烧烤店里零零散散的人群，大多都在批评、嘲讽周遭的人和事。他们吃着喝着，批评着嘲讽着，简直把心中长久压抑的不满全部释放出来了。然后吃饱喝足，各个打道回府，仍然要一如既往地面对他们那批评和嘲讽的对象。

负面思维的人很难开凿出自己的自动收入“河流”。事实上，他们连为什么要开凿自动收入“河流”这个问题的答案都不知道。因为当你告诉他们这个“正向消息”的时候，他们的反应通常是：“这没有什么用！”“这简直就是天方夜谭！”“你看到我们身边有几个人这么做的！”“你不可能成功！”……

别说是开凿自动收入“河流”，即使是普通的工作，负面思维的人也完成得磕磕绊绊。他们总是在内心里有各种理由拒绝合理、有效的工作。他们能基本完成工作就不错了，你不可能期望他们能够主动解决工作中产生的问题。他们是当一天和尚撞一天钟的被迫执行者。

我们如何面对负面思维呢？负面思维的死对头就是鼓励和认真做事。鼓励包括鼓励自己和鼓励他人。认真做事就是踏踏实实地把自己该做的事做好。

鼓励是这个世界上的最珍贵的东西之一。所以，你要做一个鼓励他人的人。当你不断地鼓励他人之后，你自己会变成一个无须他人鼓励也能充满正向思维的人。不要担心鼓励伤害了别人，因为他人在生活当中已经经受了太多的批评和嘲讽了。生活已经给他太多的否定和蔑视了。你这一点鼓励即使不足以改变他的人生轨迹，至少也可以留下温暖的火种，既照亮他人，也照亮了自己。我们都知道鼓励的重要性。但把它付诸行动的人又有多少呢？相当多的人即使对他们心爱的孩子也是吝啬鼓励的。孩子经常会很有兴致地做出各类不寻常的事，如果你吝啬鼓励，报之以批评，会打击孩子做事的积极性。

我曾经有一段现在看来特别有代表性的经历。

我小时候特别喜欢绘画，对国画、水彩画、水粉画都非常喜欢，而且画得还不错。我还因为一幅《城堡下的美人鱼》获了奖，让学校的老师、同学都对我的绘画能力十分肯定。可能也是因为得到肯定后的喜悦，越是得到肯定，就越是不自觉的喜欢和努力。所以，我时常摊开纸笔来绘画一番。周边的长辈也都对我赞许有加。但是，12 岁那年发生了一件事，完全改变了这个轨迹。一个受我尊敬的亲戚到我家里做客，看我正在绘画，他随即说：“这个没什么了不起的，×× 中学的人画的全部比这个好。”

那时我还在读小学，×× 中学是我们当地最好的中学。这个亲戚受我尊敬，他的话在我心中很有分量。我当时犹如在大夏天被泼了一桶带冰碴的凉水。看着自己正在绘的半成品，突然感到画的是这么普通、平凡，甚至还带着几分拿不出手的低档。我立即对绘画感到兴致全无。我收起了纸笔，从此再也没有画过画了。

不久，我考上了 ×× 中学。当我们开始上美术课的时候，我立刻回想起了那个受我尊敬的亲戚跟我讲话的画面，我当时想，这些 ×× 中学的同学一定绘画能力很强吧。可是，第一堂美术课结束的时候，我真的傻眼了，这些同学哪里比我画得好很多呢？完全不是这么回事啊！虽然我知道了这个事实，但我已经对绘画再也提不起兴趣了。

绘画是需要安静和耐心的一项活动，你必须坐在那里悠然地创作。后来的我曾经几次尝试过重拾这项兴趣，但没有画几笔，就全无耐心和心境继续下去了。可是曾经的我却是那么享受这个过程！

一个小小的批评就能带来如此巨大的改变。我们还怎能不重视负面思维的危害性呢？事实上，这个受我尊敬的亲戚非常乐观、实干，并且与人沟通能力非常好。但喜欢批评人是他的一个缺点。这实际上对他本人也造成了很大的伤害。

认真做事就是踏踏实实地把自己该做的事做好。要做好事情，两个条件必不可少：一个是雄心壮志——有愿景、有目标——你必须得有开凿出自己自动收入“河流”的愿望；另外一个就是认真做事的踏实品质。只有前者，没有后者，那就是只有图纸，没有行动；只有后者，没有前者，那就是不会思考的勤恳蚂蚁。两者缺一不可。

我们的周围有太多的“嘴上英雄”，他们总是今天说要实现这个，明天说要实现那个。但他们中的大多数是只会说、不会行动的白日梦者；或者少数人行动了，却不会走到底的放弃梦想者。成功，永远只是对少数人的奖励。如果你想要拥有一条自动收入“河流”，光靠想象是不行的，你必须要开始行动，即使现在收入微薄，也要将每月收入的10%扣除下来投入到自己独立的10%计划账户内，开始你开凿自动收入“河流”的第一步。一定要坚持行动，不能半途而废。认真做事，踏踏实实地去挖掘自己的自动收入“河流”，不要投机取巧。妄图通过赌一把的手段去快速致富，只能让你丧失自己的自动收入“河流”。只有那些踏踏实实地把事做好的人，才能够真正享受到拥有坚实地基的成功。建立在虚无缥缈基础之上的高楼，随时都可能倾倒；建立在踏踏实实做事上的大厦，却是稳健的、长期可以获得最大收益和幸福的。

第五节

追求立即见效

在本书里，我们全部围绕为什么以及如何开凿自己的自动收入“河流”展开叙述。不知道为什么，就不会有真正的持续的行动（也就是大家常说的坚持）；不知道如何去行动，也就没有地图指引。

一个人生下来不可能就懂得所有的道理，所有的进步都是需要学习才能够达成。世界上已经出现过多起狼孩事件。这些在婴幼儿时代偶然间被野生动物带到森林养大的孩子，他们的表现更接近养育他们的动物，而不是他们所属的物种——人。他们用四肢行走和奔跑，全身裸露，吃生的肉食。他们的智商远低于同龄的正常人类。即使将他们带回人类社会后，对之加以培养和教导，他们也很难恢复正常人类的模样，他们仍然喜欢裸露身躯睡在地板上。更为重要的是，即使经过教育，他们的智商也很难提高多少。

人类学家对这些狼孩的研究从来没有间断。在这些事件中，你很容易发现一个道理：学习对于进步的作用是非常巨大的。人类现在的智力并不是天生就可以达到的。把一个人扔到荒野里，让他独自生长，他不可能拥有现在的智力。这件事情是如此显而易见，而又是如此容易被忽视。这极大地肯定了学习对于人类智力发展的重要性。我们看狼孩之于人类是如此，那么，现在的人类之于未来的人类是不是也是如此呢？答案是肯定的。由于科技的不断发展和积累，导致人类知识的总量和质量突飞猛进。人类的后代不仅能接受到更好的教育，更为重要的是能够接受到总量更庞大的知识和更高质量的知识，所以未来的人类将会拥有更高的智慧。现在只有极少数人掌握的道理，在未来会普遍被人接受。

少数人认为智慧不是可以习得的，他们故意把智慧搞得神秘化。这是可以理解的，因为从一代人的观点来看，总会有些充满智慧的观点不会被另外一些人所接受。但是我们上面论述的范围是十代人、一百代人的时间长度，普遍的智力提高，将会让普通人也掌握之前只有少数人才能拥有的智慧。

一个人的智力、智慧不是无源之水、无本之木。他只能源自于学习。一个希望进步的人，一个希望摆脱支付陷阱、开凿出自己的自动收入“河流”的人，必须要知道：学习才是最重要的。所有的进步都是需要学习才能够达成的。

既然学习是如此重要，为什么又有如此多的人讨厌学习？虽然可以把这个原因简单地归结到“因为从小被教育学习很重要，所以产生了叛逆心理”这种似是而非的选项上，但是，我们可以发现真正让人们讨厌学习的并不是这个人皆尽知的理由。真正让人们讨厌学习的是他们发现学习并没有用！当你从内心里发现这件事情做起来没有用、没有意义的时候，你还会用心去做好它吗？连你自己都这么想，这件事情自然只剩下泡汤的命运了。

对于在学校内学习的知识，有些人认为以后的生活里也不可能会用到，诸如数学、化学、物理、英语；对于工作的时候是否要看几本闲书或者有利于进一步提高工作的书籍，有些人认为书本和现实比较脱离，看了几本书对实际工作的指导意义不大；在面对财务困境的时候，有些人认为那些指导人们创造财富的书很难解燃眉之急或者干脆认为它们就是没有意义的。

为什么有些人认为学习没有用呢？答案是他们追求的是立即见效。这里的“见效”意思是他们的现状得到马上的改变。比如一个面对财务困境的人，希望自己的窘迫现状在学习之后立即得到实质的改变。而且，他认为这个学习的时间长度必须很短，不然对他也是没有吸引力的。最好是当天学，当天他的窘迫现状就得到改变。学习的过程对他们来讲实在太过漫长，学习的知识对他们来讲也过于松散、无用。他们的经典要求就是：“你必须要告诉我这个知识哪一天、什么时候、什么事情上能用到，我才会去学习。”漫长的学习时间，学习的知识又似乎和现在立马需要解决的问题并没有什么直接联系，学习所能带来的结果又是不确定的，这些因素使人们拒绝学习。这就是为什么人们讨厌学习。答案就是因为不能够立即见效。

人们喜欢立即见效的东西。比如今天去河里抓鱼，晚上就能把很多鱼带回家，这种明确的、清晰的、立即见效的诱惑，远比在家看一天如何创造财富的书来得更加现实。抓鱼如此，对其他的工作也是如此。所以，我们才能看到很多忙忙碌碌的上班族们早出晚归，一周很少休息，宁愿加班把手头上的项目做完，也绝不拿起一本讲“如何开凿自动收入‘河流’”的书仔细阅读一遍。因为今天上完一天班，就能得一天工钱，如果做得好，还能得到些许奖金。这是明确的、清晰的、立即见效的。从这一点也可以理解为什么大多数人短视。大多数人短视的程度往往令人瞠目结舌。他们可能会为了一顿早饭的钱损失了 100 万元。因为他们追求立即见效，导致他们讨厌学习，从而让他们永远也无法认识到自己为此损失了100万元。事实上，他们认为这是理所当然的，并且为自己多赚了一份早饭的钱而沾沾自喜。这种短视的程度，即使用直接的言语告知他，他也会完全无法感知。因为他们的大脑现在即是狼孩的大脑了。你能够告诉一只蜗牛前面有危险吗？即使你费再多口舌，蜗牛也感知不到你在讲什么啊！只有通过学习才能够使自己进步，才能够改变自己的大脑。指望通过一两句话的规劝而改变一个人简直是不可能完成的任务。只有当他们自己开始踏上学习之路，才会实现。你可以看见：但凡是能够实现财务自由的人，都是有长远视野的人，他们能够洞悉未来，从而能够实现财务自由。短视的人总是希望立即见效，但现实总给你一个大转盘，让两点之间直线最远。短视的人追求短期立即见效，却让现在过得糟糕；远视的人能够将果实留在未来，却让现在实现了财务自由。

如果你决定开凿出属于自己的自动收入“河流”，就必须要开始让自己进步；如果你想使自己进步，就必须要开始学习；如果你决定开始学习，就必须要摒弃追求立即见效这种行为。做正确的事，不要问明天是不是马上就可以得到果实。“但行好事，莫问前程”用在这里非常恰当。我们只要让自己不断提升，一切的一切都可以实现。通过持续不断地学习，不断地提升自己，你逐渐会成为一个有思想的人。思想不是凭空产生的，而是需要学习的。当你提升了自己的思维方式，一件事情怎么做能够做得更好，是自然而然地在你脑子里出现规划的。到时候，你开凿自动收入“河流”自然也会事半功倍。很多人都知道巴菲特是伟大的投资家。但是，又有多少人关注他在11岁的时候就开始挨家挨户递送《华尔街日报》，并且在每天早上送报之前就已经阅读过这一摞厚厚的报纸了呢？如果他在那个时候对自己说：“不能让我现在马上变成富翁的新闻，我就不要读。”你认为还能有现在的巴菲特吗？即使这种堪称世界级的人物，也不能停止学习、让自己进步，以使自己未来有充分的资本。

使自己进步才是成功的王道。你变了，你的世界就都变了。使自己进步的唯一路径就是学习。保持对学习的热情，反复温习有价值的知识，对所学的知识亲力实践，就能够快速提升自己。舍弃追求立即见效这种浅薄的且不会产生任何实际价值的观念，我们就能成为更好的自己。

第六节

背煤者：思想上的懒惰

勤奋是一个褒义词。每个人都讨厌自己被贴上懒惰的标签，都希望他人肯定自己的努力。如果你坐在北京或者上海的早餐店向四周看看，每一个清早，来往的人群都步履匆匆，人流就像一条长龙蜿蜒而又充满生气。人们都在忙碌着。那些在高楼大厦里上班的白领们，拎着黑色皮包，脑子里回想着昨晚加班赶制的计划书，匆忙地买了份早点，马不停蹄地踏上了地铁；那些自己创业的老板们也顾不上坐下吃碗热腾腾的早点，呼唤着服务员抓紧时间，拎着打包好的食物就去了自己的公司。

每个人都忙碌着，他们从早忙到晚，从春忙到冬。如果这么忙忙碌碌的生活能够带给自己很多财富那倒罢了，不过，为什么仍然有那么多人在如此忙忙碌碌之后，仍然没有变得富有呢？为什么如此一年忙都头，仍然感到没什么希望呢？为什么整天忙到晚，仍然不能摆脱财务困境，甚至越陷越深呢？

背煤者的道理

忙碌本身并没有什么意义。正确方向上的忙碌才能产生意义。在财富领域更是如此。

一个人堆了一堆煤在自己家的后院，每天清晨爬起来的第一件事，就是将那堆煤铲进自己的背包，一袋袋地背到自己家的前院。第二天，再一袋袋地把煤背到自己的后院……

一袋袋的煤和石头没多大区别，你可以想象这有多沉。背煤者除了吃饭之外一刻也不敢停歇，汗珠随着他的衣袖落在地上。每天晚上他都会因为白天的辛勤劳动而腰酸背痛。虽然背煤者贫困交加，但他却感到很充实。毕竟每天早上醒来之后，想到有这么一大堆煤要忙活，他也不允许自己放慢脚步。

背煤者的亲人和朋友都称赞他是勤劳的人，这也更让他感到骄傲，从而背煤的时候更卖力了。

每次朋友聚会，背煤者都是第一个离场的，他对着朋友们说："你们开心地玩，我先走了，家里还有一大堆煤要搬呢！"说到这里，他总有一股自豪感油然而生。等他转身离开，他的朋友们相互称赞他："真是勤劳的人啊！"

大部分人大都会嘲笑上面故事中的背煤者，即使他的亲人、朋友都夸赞他背煤很辛苦、很卖力，以及他是一个勤奋的人，然而，这又有什么意义呢？大部分人都会认为这种行为简直是不可理喻和愚蠢的。不过，需要警惕的是，我们每个人都可能是一个"背煤者"。检视一下我们自己吧，背煤者或多或少地都在我们每个人的脑袋里卖力地背着大煤球呢！

身体上的勤奋

背煤者的问题出在哪里呢？他是一个勤奋的人，但他从来没有思考过自己这么做是否会产生价值。所以，严格地说，他是一个身体上的勤奋者，却是一个思想上的懒惰者。

身体上的勤奋是简单的，易于做的，并且是容易被人观察到的。可能正是因为容易被人观察到的原因，所以，人们更愿意做一个身体上的勤奋者。毕竟是否按时上班，是否在上班的时候努力工作，是否积极加班，这些都是可以通过他人的眼睛看到的。即使是磨洋工，也是让自己的身体出了力。常人说“没有功劳，也有苦劳”就是这个含义。你通过身体上的勤奋，无论是否产出多大的价值，总之，自己“没有闲着”的这个状态是被所有人看到了。通常还会被所有人包括苦劳者自己感动。

现在在做，现在就能被人观察到。这就是时间上的立即性。马上就能被人感知。

现在的行为会产生立即可观察的结果，这就是行为结果的确定性。把煤从这里搬到那里，这个动作一旦做出，所有人都不能否定你曾经劳动过。

正是由于“时间上的立即性，行为结果的确定性”，导致人们“身体上的勤奋”这个潜移默化的观念被不断地强化，最终使他们雕刻成身体上的勤奋者的样子。

思想上的懒惰，在很长时间里是没有办法被人察觉到的。因为思想上的勤奋和懒惰不具备上述两个可直接观测的条件。

你现在在进行思考，没有人能够观察到你在思考。换言之，你现在的思考行为没有马上被人感知到，从而谈不上马上被人肯定。

你现在在思考，不会立即产生可观察到的结果。这就是行为结果的不确定性。你思考了半天，他人没有在现在看到你的思考产生了什么价值，甚至连你有没有在思考，他人都无法知道。如果你在那里喝咖啡，被认为“太闲了”是自然的。你也很难说服别人自己现在的思考产生了什么价值。

如果你现在告诉你的朋友，你现在去办公室思考一下某个问题，他们通常会认为你的这种时间是可以被占用的；而当你说现在去办公室加班赶制文案，他们通常则会理解你现在的这个时间是紧迫的。这和背煤者有任何不同吗？太多的人是身体上的勤奋者，而在思想上是一个懒惰者。身体上的勤奋被他们极度看重和肯定，而思想上的勤奋对他们来讲是可有可无的。

身体上的勤奋者不仅欺骗他人，而且也在欺骗自己。虽然这明显是自欺欺人，但往往能蒙混过关。背煤者每天早起都会想到今天有很多活儿要干，他急着要去背煤，没时间也没意愿去思考一下问题和做出改变。对于背煤者来说，解决问题的办法就是背更多的煤。如果他们能够思考一下如何换一种模式，将会产生大大的不同。这个不同是数量级的不同，绝不是多背几袋煤所能带来的改变。问题的答案永远不会在于问题本身，不然也就称不上是问题了；问题的答案一定在别处。背煤者成年后就开始做着背煤的工作，他认为自己困窘的处境肯定仍然是在煤上。解决的办法就是更早起身，更迟归家，降低伙食和穿着的耗费，尽量背更多的煤。如果一个问题的答案就在问题本身，那么，没有人不知道怎么去处理，如此也就不称之为问题了。门之所以打不开，可以溜窗户或者现在去找钥匙，盯着钥匙孔看，是不会让门自动打开的。如果钥匙孔里插着钥匙，这还成之为问题吗？出现问题后，通过思考才能发现在其他方面存在的答案。得到这些答案，然后才能解决它们。

更多的人懒于思考。他们顺着身体勤奋的思路做事。他们认为问题的答案就在于问题本身。这是人类本能的惯性思维。少数人能够感知到它的存在，从而时时提防它。

背煤者就是人类脑袋里本能的惯性思维。警惕背煤者占领我们的大脑非常重要。背煤者总是会乘虚而入，在你发现他之前，悄无声息地让你顺着习惯的滑坡溜了下去。向下滑坡总是比向上攀爬容易，一成不变总是比追求进步简单。习惯性的滑坡，对思考的懒惰，让我们提防背煤者的戒心常常松懈。知道危险在哪里，才能进行有效的防范。现在你知道了大脑里存在着背煤者，本身就已经是进步了。

每个人都可以开凿并拥有自己的自动收入“河流”，前提是你必须开始挖掘它。破除你大脑里的背煤者，开始思考怎么做才能做得更好，开始学习、开始进步。

有人曾经咨询说：为什么在上海月薪四五万元仍然没有什么安全感呢？某人回答：这是你赚的钱的分配方法不对。如果四五万元之中有三四万元是房租收入，你看你有没有安全感呢？对于这种回答，有些人认为是哗众取宠、毫无意义。在他们看来，既然已经有三四万元的房租了，那自然也是有钱人了，岂不是废话吗？但是，另外一些人却从中看到了希望。这条信息让他们脑路大开，知道了自己努力的方向。

避免成为一个思想上的懒惰者，警惕大脑中的背煤者，保持思想上的勤奋是非常重要的。做一个思想上的勤奋者，拒绝懒于去思考。思考从内到外，从小到大，无处不在。思考所能带来的收获远超过我们的想象。

第七节

打工也是做生意

社会中的大部分人都是打工者，也就是我们常说的工薪阶层。他们是中产阶级的主体。正是他们组成了社会的中坚力量，他们是生产的主力，也是消费的主力。

就整体人群而言，在对待工作的积极性上，打工者与创业者、企业主相差太多。打工者往往是做一天和尚、撞一天钟的被动执行者；创业者、企业主往往是一心要把事业做好，积极解决问题的主动执行者。简而言之，就整体而言，打工者有十分力只会出六分，及格就好；创业者、企业主有十分力会出十二分，追求最好。我想不少人看到这里就会读不下去了，他们会气急败坏地嚷道："我只是一个打工的，干得好又不给我多发工钱！企业是老板自己的，他当然要拼命干了。”这种论调我们通常称之为打工心态。这个理由是大部分人认为的原因，也正是这个原因，大部分人才会出现上述的现象。但是，真实的情况果真如此吗？

创造财富所需要的本领之一就在于拥有能够容纳不同意见的大脑。我们早就知道现在的观念只不过是从幼年到现在所有经历的积累而已。这些经历包括你的亲朋言传身教、学校里的教学、加入社会后周围所面对情况的经验等，当然，最重要的还包括你自己的思考。所以，不要认为你的观念就是正确的，要知道你的这些观念只不过是你经历的层累而已，并不完全正确。

因为经历的不同、思考的不同，每一个人对同一件事情的看法也是不一样的。当同一件事情发生的时候，每个人对它的判断往往会天差地别。比如，股票市场为什么会形成一个价格呢？因为有买有卖才会形成价格。无论是历史高点的价格，还是历史低点的价格，都是因为一些人将手里的股票卖出（不看好后市），而同时又有另外一批人将这部分股票买进（看好后市）。如此才能形成交易，也就形成了当时股票的价格。但是，为什么面对同样的事件，会有人卖出，也会有人买进呢？这显然是因为每一个人对同一件事情所持的判断是不同的。

同一件事情，有些人认为是好事，另外一些人认为是坏事。人类这种对同一件事会出现种类繁多看法的情况，当然无所谓好坏，没有这种情况也就不能产生社会的多样性、丰富性。总得有人喜欢热的，也得有人喜欢冷的；有人喜欢热闹，有人喜欢清静……更多的时候，人们是屁股决定脑袋。现在自己的屁股坐在哪里，脑袋就自然而然地为自己现在的屁股辩护。这当然没有任何不好或者不对的。社会发展至今，靠的就是这种多样性。但是，如果你想要创造财富，有一些关于财富的准则和判断必须要达成一致。多样性确实是存在的，但有些准则和判断就会无法让你创造财富，以致丧失财富。只有遵循那些有利于创造财富的准则和判断，才能够实现财务自由。

打工者和打工的心态是不同的。大部分打工者持有打工心态，但仍然有少数打工者并不是打工者心态。他们在对待工作的态度上截然不同。

我在毕业后的第一份工作是在一家大公司做销售，这大概是普通得不能再普通的一份工作，几乎任何人都可以胜任。我们当时的同事有大学毕业的，也有高中尚未毕业的；有参加工作很多年的，也有刚步入社会的，总之，基本上可以说是没有什么进入门槛。

销售的工作应该算是比较辛苦的，经常出差，需要跑每个城市里的市场中的一家一家门店，一一向那些个体户们推销公司的产品。有些老板很客气，还能陪你聊聊天；有些老板不好说话，直接就把你撵出来了。工薪方面并没有什么所谓的保障，底薪很低，全靠业绩提成来支撑。面对这样一份普通得不能再普通的工作，我却从来没有消极对待过。更重要的是，我从来没有认为自己是一个打工者。我认为现在的我正是在做生意——我把给公司工作完全当作自己在做生意。能谈成的项目，我会认为这笔生意我做成了；没谈成的项目，我会认为这笔生意我没做好。既然是自己的生意，所以，我的主动性、积极性都会和大部分同事不在一个水平面上。

每天早上，我都会第一个来到办公室。办公室门的钥匙当时在文员的手里，每天等着来开门显然是浪费时间。所以，后来我干脆自己去配了把钥匙。做销售，跑业务，都需要出差。出差是最累的。公司对每个人并没有硬性的出差时间规定，不过我每个月都会有15天以上的出差时间。如果你有相关的工作经验，就知道这已经算是很高的频率了。

为了多熟悉产品，我回公司后也是尽量抽时间待在仓库，以至于我们的仓管员向我们开玩笑说："刘天敏现在待在仓库的时间比我都多！"为了了解产品的生产原理，我常去车间询问技术工人相关产品的专业知识。公司印发的产品序列表、各项介绍图册，我也经常翻看，力图做到对公司每种产品的了解烂熟于心。以至我们在上海开展会的时候，在面对来自全国各地的客户的时候，很多同事不会去翻产品序列表，而是直接问我哪个产品哪个规格是什么价格。当晚上10点钟客户打来电话要求解决问题时，我也绝对不会以已经在非工作时间为由拒绝应答客户。事实上，我不仅会接电话，而且会尽力当时就把事情处理好。

读完上面的事例，你能看得出来我这是在打工吗？我这完全是把公司的工作当作自己的生意来做啊！是的，这一点非常重要。一定要把工作当作自己的生意来做。你可能会问：“你这么做，有什么价值呢？”还记得我们在之前分析过了大多数人有短视的毛病吗？这么卖力地把公司的工作当作自己的生意来做，确实没有立马在工资上给我带来多大的回报。但我却成了一个自由的人，一个为了自己而奋斗的人，一个完全对自己负责、完全承担自己责任的人。这种收益的获得远超过几张工资单的回报。很多人陷入了困境，并不是他们认为的工资单金额的大小出了问题，而是他们的脑袋被禁锢了。常言说“哀莫大于心死”，一个认为自己只是在打一份工而已的人，他的积极性、主动性，被自己彻底禁锢了。

一个对自己负责，对自己完全承担责任的人，自然会积极追求进步，而进步正是我们所最需要的。一个对自己完全负责的人，自然不会把自己的安全寄托在任何外在的他力上，他（她）会花心思开凿属于自己的自动收入“河流”。只有自己的“河流”才能够承担自己的财务安全，以致达到财务自由。而且，他会积极学习新知识，想方设法更高效地挖掘自己的“河流”，把自己的自动收入“河流”开凿得更宽广、更深远。

把打工当作自己做生意，不仅仅能让我们把本职工作做得好，更让我们能够获得心态上的巨大收益。而这个收益是完全超过我们工资单所能带给自己的。既然如此，为什么还要这么在乎工资单金额的大小呢？从这个角度来看，工资单仅仅是我们的额外收益。一个打工者只要能够破除打工者心态，把工作当作自己的生意来做，实际上对他而言是非常划算的。因为这就相当于他得到了两份收益。一份是给老板打工所得到的工资单；一份是自己做生意所得到的进步心态。

没有什么比一个人的价值观、心态更为重要的了。一切的不同都基于此。你会做什么事情，怎么去做，都会因为你有了价值观、心态而有巨大的不同。打工心态者，貌似是在糊弄老板，实际上是在糊弄自己啊！难道他们不知道一个人的时间是最珍贵的吗？整天这么糊弄工作，难道不就是扼杀自己宝贵的时间吗？难道他们的时间就只值几张工资单的金额吗？一个对自己的本职工作都三心二意的人，你能想象他能有决心开凿属于自己的自动收入“河流”吗？一个已经丧失了通过自己的行动掌握自己命运的人，你能指望他（她）实现财务自由吗？

持有打工也是做生意观念的打工者，自然能将工作做得更好。没有哪个老板不喜欢此类人。因为雇佣此类人简直就是太省心了，老板们从来不需要操心此类人的工作积极性。由打工带来每月稳定的收入，就是打工者开凿自己的自动收入“河流”的“弹药”。工薪阶层都可以通过成为打工也是做生意的打工者，拥有一条自己的自动收入“河流”。

第八节

价值观决定命运

即使再仇富的人，在他们心底里，也不会认为富人的思维和穷人的思维是一样的。不同的思维所能产生的结果的差异超过了大部分人的想象。那么，这种思维差异的起源是什么呢？在于价值观的不同。

我们的世界是光怪陆离、五光十色的。正是价值观指导一个人在什么方向上思考，形成哪种维度的思维。价值观是一个神奇的存在，它就像一颗种子，在日后长成了参天大树。用一粒种子形容价值观是非常恰当的。正是因为这一粒看起来微不足道的小东西，最终却能够影响人的一生。从这个意义上讲，价值观决定命运是符合实际的。人们因为价值观的不同，对待他人他事的方式和自己的思考方向、思考思路也是截然不同的。正因如此，才形成了形形色色的世界。世界各地富人价值观的相似程度，远远超过和他们本国的穷亲戚的相似程度。他们对待工作、金钱，以及这个世界的看法，都和穷人的大相径庭。

价值观具体表现在人的思维方式上。如果你有下列思维而不去改正，将和财富无缘。

富人之所以富，不过是因为他们运气好（继承了一大笔财富、赶上了时代的好机会等）。

我之所以穷，是因为我的运气不好（父母没有给我留下财富、我没有遇到合适的机会等）。

我不应该承担我现在的责任，他人他事应该承担这个责任（比如之所以现在自己贫穷，是因为自己的父母从小没有给自己提供教育资源等）。

富人都是经营刁钻、投机取巧、钻到钱眼里的家伙。

价值观决定命运。如果你有上述任意一种思维，你这辈子都不用指望和财务自由沾上关系了，唯一的命运就是陷入财务困境，浑浑噩噩地过完自己的一生。富人之所以富，和穷人之所以穷是一样的，都源自他们的大脑思考问题方向的不同。

多数人认为自己的看法就是正确的。他们无法聆听他人的意见，更不用说去辨别他人的意见了。他们的大脑处在一个禁锢的状态，无法吸收新的见解。如果你知道了所谓人的价值观是如何产生的，大概就不会对自己的看法如此自信了。

价值观是人们从婴幼儿时期开始的一切经历的积累，加上自己的独特思考，从而形成的判断标准。比如，如果一个孩子生活在一个治安环境良好，人人安居乐业的村庄，偷盗对于这个孩子来讲，是想都不敢想的羞耻之事。所以，不要想当然地认为你觉得对的事情就一定是正确的。你所经历的也只是这大千世界的一小部分而已。我曾经听过最愚昧的辩论就是：“我说的话当然都是有道理的。”——那是自然的，如果人们认为自己说的话、想的事没有道理，那就不会去这么说、这么想了。所以，这没有什么稀奇的。稀奇的是，当你在做这样一件事的时候，能不能放一个第三认知，额外监视你的判断。第三认知是独立的，提醒你注意这个世界还有其他的答案，甚至是截然不同的答案。封闭自己的思想，禁锢自己的大脑，是任何追求进步的人都不愿意做的。

价值观决定命运，在创造财富方面更是如此。社会虽然是多姿多彩的，但对于如何创造财富及如何使用财富，是有一套明确的准则的。如果你想要开凿出自己的自动收入“河流”，实现真正的财务自由，就必须要按照富人的价值观来行事。不用担心知道这个秘密的人太多，因为即使你告诉了所有人，他们听过之后也会像什么都没发生过一样，依然按照自己的习惯去生活。这就是为什么世界上永远存在着二八原理——20%的人掌握了80%的财富。

能够创造财富，避免堕入财富陷阱的价值观如下所述。

相信自己终将成为富人，在潜意识里把自己当作富人。

富人之所以富，在于他的思维方式；穷人之所以穷，也在于他的思维方式。外在的条件并不是决定性因素。自己才是决定性因素。所以，要不断完善自己。

永远在自身上找问题，从不推卸责任。

如果你已经有了上述这些价值观，那么，你在财富上的成功是指日可待的事情。如果你没有这些价值观，先不要急着否定它们，想一下你是否想要实现财富上的成功。如果你真的想要拥有自己的自动收入“河流”，实现真正的财务自由，就必须要把这些价值观内化成你自己的。相反，倘若现在你不仅不具备上述这些价值观，而且还要急不可耐地去否定它们，试图在否定它们的基础之上去建立财富，结果终将让你失望。所以，不要意气用事，静下心来，再看一遍这

3 条价值观，做到它们对你来说真的有那么难吗？事实上，做到它们可能易如反掌；不过，也有可能难比登山。原因在于人们大脑的固化程度超乎我们的想象。这也就是常言说的“移泰山易，移人心难”。当我们的大脑被禁锢的时间久了，它自己也会产生固化作用。人的价值观在青年时代逐渐形成，在今后的岁月很难有大的改变。事实就是这么残酷。

你的命运被价值观决定；价值观在你青年时代逐渐形成；而价值观很难改变。这就意味着你的命运很难被改变。还能有什么真相比这个更残酷的呢？即使再残酷的真相也仍然是真相。孔子说，“朝闻道，夕死可矣”。知道真相总比稀里糊涂地过一辈子强吧？幸运的是，我们是一群追求进步的人。追求进步的人从来不会拒绝学习新知识，即使这意味着并不简单。在面对金钱困境的时候，你首先要明白，问题的答案可能并不在问题里，可能在别处。你之所以正处在金钱困境的螺旋旋涡里，答案绝不是去努力获得更高的工资。没有哪个工薪阶层单单通过获得更高的工资从而摆脱金钱困境的。他们的待支付账单永远比工资单涨得快。答案就在我们自身的脑袋里——改变自己的价值观。由穷人的价值观转变为富人的价值观。这才是最根本的。富人之所以是富人，就是因为他们拥有的富人价值观。财富之树正是源自那枚细小的财富种子。

改变价值观是困难的，是一场思想上的革新。革新思想难道不比应对真实生活中的窘境更容易吗？

不要因为难以改变就放任自流，就认为富人的价值观是错误的。我们再回过头去看看那 3 条富人基本的价值观。这 3 条基本的价值观构筑了富人一切思维的根基，是成就了富人所有财富的本源。

我建议你把上述的 3 条富人基本价值观写在 3 张纸上，分别贴在一天之中你最容易看见的 3 个位置。这样一来，你可以时刻提醒你应该具有该项思维。万事开头难，刚开始的时候你会有些许抵触，但不要放弃，这是你踏上财务自由的第一步。慢慢地，你会对这3条基本价值观产生好感，这是非常可喜的进步。于是，当你再在午休时间听到同事抱怨公司这不好、那很坏时，你自然会产生抵触的心理。这是之前的你不曾有过的，之前的你会随着附和抱怨。一日三省吾身，反复提醒自己必须要具备这3条基本价值观。从你的思想开始净化，然后到你的语言，最后到你的行动，你肯定能把这3条价值观内化为自己的思想观念。

社交圈子的重要程度也是不言而喻的。如果你周围都是一群抱怨的朋友，你很难不跟着抱怨几句；如果你周围都是一群嗜赌如命的朋友，你很难不赌几把。近朱者赤，近墨者黑，这是有道理的。最大的影响，就是你没有意识到你正在被影响。所以，不要过分高估自己的自控能力。自控能力和长期的环境熏陶比起来，是非常脆弱的。你应该去找那些你能够接触到的富人朋友，在可能的情况下，多与他们聊聊天，请教他们致富的真正奥秘。我想这件事情很多人可能从来都没有想过，更别提付诸行动。很多人陷入金钱困境的螺旋旋涡时，从来不向他人请教解决问题的方法——尤其是向那些富人朋友请教。不向他人请教本身就是穷人的思维之一。当你向这些富人朋友们请教致富的秘诀时，他们的回答可能会千差万别，他们的答案可能并不都是百分百正确，而且可能是错误的。但是，这又有什么关系呢？你要能够发现他们隐藏在言语背后的底层思维逻辑：他们认为他们的命运是被自己掌握的；只要通过自己的努力就可以致富；自己应该承担自己致富的责任，而不是推卸责任。这和穷人朋友的观念大相径庭：他们认为自己的命运不能被自己掌握；他们认为致富全靠运气，只要自己运气来了，照样可以致富，只是目前运气还没有光顾自己而已；他们认为自己陷入困境的原因在于社会、在于父母等，总之不在于自己身上。

价值观可以引申出一个人的一切，包括他的底层思维逻辑。底层思维逻辑又指导了一个人如何具体地思考一件事情，如何做好一件事情。不注意自己的价值观，而单纯地想去改变自己的财富状况，显然是本末倒置，而且也是永远无法完成的目标。但是，多少人正在这么做呢？有多少人希望改变自己的财富状况，但仍然对自己的价值观深信不疑？这就好比只能接受自己的财富大幅改善，而绝不允许改变自身的其他一切坏毛病一样。

穷人的价值观并不仅仅在穷人身上出现。富人或者他们的后代也有可能会出现穷人的思维，并且一旦出现，在不久的将来，他们也会变得贫穷。

富人的价值观并不仅仅在富人身上出现。穷人或者他们的后代亦有可能会拥有富人的思维，并且一旦拥有了，他们在竞争的环境里，迟早会变成新的富人。

第九节

让你的钱为你工作

大部分人的主要乃至全部收入只有每月的工资收入或者劳动所得。一旦停止工作，收入也便停止了，但每月的生活待支付账单却不会停止。建立在以工作为保障基础之上的财务安全，不可能是真正的安全。失业潮、经济下行、受伤或者疾病等一系列不可预知的事件一旦发生，便会失去这张看似稳固的工资单。即使能够得到微薄的救济，也仅是糊口而已，和之前的家庭财务状况已经是天差地别了。

不要寄希望于铁饭碗和做生意

不要寄希望于自己工作的稳定。历史不断地证明抱希望于工作的稳定是危险的。社会的变化是多么迅速，谁也难保自己不会被卷进下岗风波中。若是已经人到中年，上有老、下有小，到了这个年纪也不太可能再去掌握一项谋生新技能，设身处地思考一下，便知道这会有多么困窘。

不要寄希望于自己生意上的舒适。一旦你的生意出现下行，你是否还能维持现在的生活状态？更为重要的是，当你主动或者被动地停止劳动，你的生意还能够运转吗？我们周围能在一个时期赚到一些钱的生意人不少，但为什么能够在晚年还能享受富裕生活的生意人少之又少呢？因为虽然说他们是在做生意，但和打工也很难说有本质区别，仍然是干一天工作得一份报酬。一旦停止工作，报酬也便停止了。生活是有成本的，而且这个成本还不低。吃饭、还贷、养育孩子、照料老人……这些都是成本；生意上的房租、人工费用、缴税这些都是成本。这些成本都是固定支出，无论你的生意好坏，都需要支出。为什么那么多的老板感到压力大，因为每天早上睁开眼就有这么多的支出需要通过赚钱来填补。“干一天工作，得一份报酬”绝不是你的财务保障，更不可能让你在晚年时享受富裕生活。

我们身边不乏通过努力做生意而赚到了一大笔钱的例子。能够通过做生意赚到钱本身当然是值得钦佩的。然而，当你放过眼前的风光，试看又有几个人能将这笔财富用到年老体衰时呢？随着时间的流逝，这部分人当时的财富优势逐渐被拉平了，以致最终和普通的工薪阶层并没有什么区别。

我曾经结识一户办工厂的家庭。他们家早在20世纪90年代于北方的一个省份开办了一家家具厂。那个时候，他们家在很短时间内赚到了不少钱。20世纪90年代，他们便买了一辆豪华小轿车，这在邻里之间轰动了好一阵。然而，生意上的波动在所难免，每门生意都会有自己的生命周期。

几年之后，这个家具厂就办不下去了。勉强拖了几年之后，这家人终于停掉了当地的工厂，回到家乡。他们相继又做了一些其他的工作，直到今日。然而，今天的这户人家可以说早已“泯然众人矣”，和邻里乡亲比起来并无什么财富上足以夸耀的特别之处了。

这家工厂最赚钱的那几年，他们确实赚到了不少钱，然而这钱却留不住。因为随着工厂形势的逐渐式微，工人工资、固定资产、税收等固定成本一点也不会减少，这足以将之前所赚得的利润迅速消耗掉。

由上文的故事叙述可见，轻微的一个折腾就能让之前已经获得的利润大打折扣。

让你的钱为你工作

“让你的钱为你工作”是个问题吗？问题出在哪里呢？问题出在有些人只知道工作，认为工作便可以解决所有问题。一旦待支付账单超过了自己的工资，第一反应就是去进一步提高工资。但无论自己如何努力，这仍然是在一个维度里做事情，永远是在“干一天工作，得一份报酬”的层面。其实，我们每个人都能实现除了工作之外，仍然有种方法能够给自己带来财富的愿望——让你的钱为你工作。

金钱本身就是具有力量的。这个力量不是普通人理解的金钱可以购买他们想要的东西这种购买力；不是普通人认为的金钱可以实现他们所有愿望这种贪欲；不是普通人认为的只要有钱就可以坐在家里混吃混喝。而是金钱本身就具有能让自己增值的力量。你可以通过工作赚钱，也可以通过金钱来为你生钱。

让金钱为你工作。当你睡觉的时候，当你吃饭的时候，当你出去滑雪的时候，当你工作的时候，你的钱都在24小时不停地为你工作。金钱不仅不需要休息，它们也讨厌休息，它们追求24小时永不停歇。而我们普通人的工作时间大多是每天8小时。普通人的工作收入增长幅度是线性的，也就是做加法，1+1=2，2+1=3，3+1=4，4+1=5……这还不算上大部分人的收入几乎没有什么增长。而金钱本身就具有指数效应，金钱的增长幅度是乘法，而不是加法：1×2=2，2×2=4，4×2=8，8×2=16，16×2=32……这就是金钱工作的优势，它们具有时间上的不停歇性，增长上的指数性。所以，从长期来看，靠工作产生的财富价值在总额上远远比不了靠金钱为你工作产生的价值。

金钱只是用来存储和消费的

遗憾的是，大部分人对让金钱为自己工作毫无概念。大部分人的收入结构仍然仅仅限定在每月的工资收入、劳动收入。金钱对大部分人来说只是用来存储和消费的，而绝不会增值的。虽然他们模模糊糊地知道所谓"钱生钱"这种名词，但觉得和自己并没有什么关系，这是"那些人"的事。至于"那些人"是哪些人，他们也讲不清楚，可能是社会上层的富翁或者精通金融的专业人士。总之，"那些人"不是自己就对了。其实，让自己的钱为自己工作并没有什么门槛，任何人都可以实行。你缺的只是财富的观念，而不是金钱本身的数字大小。

"金钱只是用来存储和消费的"是大部分人所持有的观念，例如：金钱是死的，而不是活的；金钱是固定的，而不是流动的；金钱是逐渐积攒下来，积成一堆，然后等有用的时候再花出去的；金钱是储藏的；金钱是用来花销的。

看一下我们四周的大部分人，他们的金钱观基本仍然停留在存储和花掉金钱的层面。他们辛辛苦苦地工作，希望自己银行卡上的存储余额再多一个零。这样等以后需要花钱的时候，自己就能够应付得了。金钱对他们来说并不是可以流动的概念，而是完全固定的、一成不变的概念：存储→花销。赚了钱，存下来的钱，就是用来花销的。钱可以买衣服、买玩具、买车、支付旅游的开销。这和"工作发工资得到的是一张大饼，然后储藏在家里，每天吃一点"没有什么不同。因为他们从来没有这么想过这个问题，所以，大部分人直到退休，也没有除了劳动收入之外的收入。他们一旦退休，劳动停止，收入也就停止了（养老保险不在我们的讨论范围之内）。为什么那么多已经快要步入退休年龄的人，虽然已经对工作毫无兴趣，仍然要拼命工作呢？因为他们知道一旦停止劳动，就没有了一大笔收入了。这都是源自于他们对财富观念的缺失：他们认为金钱只是用来存储和消费的。

金钱的增值观

金钱本身就具有力量。不知道它的力量，就只能用它当作越冬储藏的大饼；善于运用它的力量，就能实现金钱真正的作用：增值媒介。

做过化学实验的人都知道单细胞生物具有快速的繁殖能力。在养分充足的培养皿里，只要把一个单细胞生物放在里面，不用多久整个培养皿都会挤满这类单细胞生物。因为它们是呈指数增长的。从 1 到 2 的难度和从 100 到 200 没有什么不同，但绝对值却相差 100 倍。

把钱当作消费的媒介，只能让你把思维圈定在存储的功能上。赚钱就是为了花销，赚钱就是为了买更好的化妆品、更贵的包包、更大的房子等。他们从来没有想过赚到的钱能够替他们工作。大部分人认为赚钱的目的就是为了消费；而只有少数人认为赚钱的目的是为了投资。正是这一点基本观念上的不同，导致了人们在财富分配上的巨大差异。你的观念限制了你对金钱的理解和运用。少数人努力赚钱，然后把赚到的钱用于为自己工作，时间一长，他们变得更加有钱。那些追求投资的人，即使获得的收益再少，也远高过那些赚钱为了消费这部分人的所有家当。

替你的钱找份工作，让你的钱为你工作。它们都是勤勤恳恳的雇员，而且不需要你支付工资。你手里的每一个硬币都应该是你的雇员。不要让它们懒散在家。把它们集合起来，投入到工作里。所以，你并不是无依无靠的。你的身后有你勤奋的雇员夜以继日地为你工作。

第十节

为什么能够“坚持”

语言的力量

语言对人大脑和心理的影响已经被脑科学家、心理学家反复提到过。如果你现在对别人说“我好累”，即使你原来精神抖擞，也马上会陷入疲惫的状态。语言不仅是表达的工具，它对人的思维也起到重塑的作用。在你向别人表达观点的时候，实际上反过来这也塑造了你自己。我们经常被提醒小心自己的言语，却往往不知道言语本身实际具有塑造的力量。

一些人为什么显得慈眉善目，因为他们语言里流露出的仁、义、礼、信塑造了他们和善、有礼等好形象；一些人为什么显得面目狰狞，因为他们语言里一不小心流露出的恶毒言语把他们塑造成了狭隘的人。

语言的作用在于不知不觉之间已经改变了一个人。当我们说话时，我们的语气、语调、用词都在塑造着我们自己。可以想见，随着每天不断的表达，语言对我们会产生多么深刻的塑造作用。每个人都被自己的言语雕刻着。

既然我们知道了语言对人的刻画作用是如此巨大，那么，我们在表达某件事情的时候就要注意措辞。成为一个不断进步的人是我们的目标。一切的目标，包括实现财务自由的目标，都必须要通过完善自己来实现。所谓目标就是我们现在还未能达到的，如果现在已经达到了就不称之为目标了。而未能达到便是因为现在的我们可能还不够资格，所以达到目标的唯一方法就是提升自己的修养和水平，使自己进步。

“坚持”只是肤浅的表象

不少人给我的标签是一个能够“坚持”的人。无论是对于学习，还是工作，我总能够一如既往地、富有热情地去做一件事情。比如我花了几年时间仔细通读了一遍《资治通鉴》；花了几年时间系统地研习经济学。表面上看起来我确实是一个非常能够“坚持”的人，但我从来不对自己用“坚持”做某事这种表述。因为“坚持”一词多少有些你本意上是不愿意的意思！你自己都不愿意做的事情，怎么能够做好呢？

主动性的力量最强大。自己乐意的事情，想方设法也要把它做好；自己不愿意的事情，千方百计也要找出借口。这不是靠外在的胁迫可以做好的。主动性才是关键，千金难买我乐意。发自内心的主动性才是成就一个人的根本动力。无论是把事情做好，还是把事情搞糟，靠的都是主动性。如果你看到这一段文字而抱有对此怀疑的态度，实际上这也是一种主动性。可以是积极的主动性，也可以是消极的主动性。比如，主动怀疑自己可以把事做好，主动怀疑自己的命运是由自己的主动性决定的。认为自己的命运不是由自己的主动性决定的，而是由外在的，比如运气、出生等决定的人，那就真的没有改变自己命运的机会了。我们的世界其实是一个多面手，对每一个人都会露出不一样的面貌。只有当你相信自己的时候，才能够做成某事。

“乐意”是关键

为什么有些人做事能够有常人看来的坚持呢？因为乐意做啊！“乐意”是最关键的。乐意做什么事，这事想做不好都难。无论我做任何事，在周围的人看来我确实太能坚持了。可从我的视角看过去，这根本就是太褒奖我了。因为我根本不是坚持，而是乐意做下去的节奏啊！我常常晚上开始睡觉时想早点睡着，这样一睁眼就能到早上了，就能开始做自己想做的事了。你想这是什么节奏呢？这哪里是所谓的坚持，这根本就是停不下来的节奏啊！

坚持的关键是乐意。乐意做哪件事，那件事就一定能做得好。这道理是这么简单和明了。你想要坚持做什么，只要让自己乐意做这事就行了。如果你不能做到这一点，十有八九你会把这事搞得无疾而终。如此多的人之所以发现自己不能坚持做某事的根结，就在这个简单的道理上。

一个人乐于做某事，他做起那事来，只会嫌时间不够多。带着这种节奏，拟定的目标就一定能够办得好、做得到。自然，我们培养自己乐意做某事的心态是很重要的。如果单纯按照习惯任其向下滑落，那么大部分的陋习都是人们乐意表现出来的。好赌的人可以没日没夜地赌博，一旦有人邀约，虽然工作一天身体疲惫，也一定准时赴约；好喝酒的人，可以一日三饮，即使明知身体有疾，也不醉不休。

做起这些事来，哪里需要别人监督着，哪里需要自己下定决心去坚持呢？这道理似乎谁都明白。那么，如何培养自己乐意做某个事情的决心呢？

所有能够拥有自己的自动收入“河流”、实现财务自由的人，无一不乐意做自己正在做的事。难道是他们运气特别好，一路走来，都刚好能赶上时机，每一次都能做自己最感兴趣的工作吗？这种概率太过微小。事实并不是如此，实际的情况是他们喜欢上做某件事。任何工作，他们只要觉得自己需要去做，就能马上培养出对它们的强烈兴趣，从而让自己乐意去做这件事。

足够强烈的“乐意”才有价值

如果你希望财务自由，就必须对追求财富拥有强烈的意愿。没有这个意愿，财富不可能向我们汇集。那么，要实现这个愿望，我们需要做什么呢？比如需要做好我们现在的工作。因为我们需要现在的工作给我们提供现金流，让我们不断为挖掘自己的自动收入“河流”投入“弹药”。如此，工作对于我们的重要性便不言而明了。这事关我们的自动收入“河流”能否开凿成功，事关我们的财务自由。将这些事和我们的自动收入“河流”、财富画上等号，可以让我们渐渐养成对这些工作的兴趣。当我们掌握了这个技巧，我们爱上某项具体工作的时间将会慢慢变短，直至达到和那些富人一样的水平：随时可以爱上需要完成的事件。具体的步骤我这里已经说明了。非常简单，就是将具体的工作和你的自动收入“河流”，和你的财务自由画上等号。这样，你的工作就意义重大了，也会让你充满干劲。唯一的问题，也是唯一的关键是你想要拥有自己的自动收入“河流”的愿望，你想要实现财务自由的理想，是否足够强烈？这件事情是否随时都在你的潜意识里存在着。在你作任何决策的时候，实际上都在围绕着它们吗？拥有自动收入“河流”、实现财务自由的强烈意愿，才是一切致富的基础。你的意愿一定要足够强烈，这样，当你画上等号之后，你才能去热爱你手头上需要完成的工作。

很多人当然希望自己拥有自动收入“河流”，实现财务自由。但是，仅仅是希望是远远不够的。天上掉馅饼，没有人不会同意落在自己的脚下。我们必须要对此有足够强烈的意愿，才会实现自己的目标。

热情、坚持、积极、主动性，这些都是建立在对拥有自动收入“河流”、实现财务自由的强烈意愿上。对事物的强烈热爱终将会获得事物本身对我们的回报。坚持一件事，在他人看起来是一件苦差事，但是我们做起来却是不想停下来的节奏。因为热爱，一切事情都变得极其美好和简单。

第四章
最简单的投资

本章导读

第一节

投资中最大的诀窍：长期

虽然关于投资的各项研究、理论知识、实操手册可谓车载斗量，但是人们更需要的是能够一词击中要害的观点——如果脑子里有这个观点就能够直接超过98%的人，如果没有这个观点就会被2%的人超过。人们需要的正是这样一个基础性的、关键性的理念，所有其他的投资技巧和知识应该建立在这个基本观念之下才能够发挥出力量。那么，在投资领域最大的诀窍是什么呢？最大的诀窍是长期。

关于“长期”这个投资诀窍，几乎没有多少图书会专门提到它、讲解它。大部分关于投资的书都在告诉你如何安排具体的细节，却从没有直截了当地告诉你，最大的诀窍就是“长期”。

什么是“长期”

“长期”具体是一个什么概念呢？所谓长期，就是将你的投资资金设定为“永不动用”。你的投资资金永远用于投资，而不会用于消费上。我想：大多数人会反驳这个观点。“钱不能动，我还赚钱干什么？我赚钱的目的就是为了买更好的包包啊！”或者“我赚钱就是为了过更好的生活啊！”遗憾的是，持有此类观点的投资者通常会在投资领域亏损钱财，最终让他们对投资抱有深刻的抵触情绪。他们四处碰壁，最终只得成为靠工作获得收入的阶层。即使他们能够在一段时间内赚到一些钱，也会因为市场的变动损失掉更多的本金或者因为没有坚持长期投资而损失了本来能够赚到的更多的钱。

“能做而不去做”和“不能做而说不去做”完全是两件事。比如，你在一家薪资优厚的优秀企业应聘成功，但放弃掉这个岗位和没有应聘成功而只能无缘这个岗位，是完全不同的两件事；或者，你考上了大学而不去读和没考上大学只能不去读，也一样是两个完全不同的概念。你将一笔投资资金的心理标签设定为“永不动用”，而在10年之后用它买了房或者用于应付了一笔其他的支出，这是你自己的选择而已。但是，因为没有设定“永不动用”的心理标签，而导致投资失败或者业绩不好，以致10年之后无法买房，敢问哪个更值得自己选择呢？

投资里面有各种各样纷繁复杂的小知识，但一个普通人只要将投资心理设定为“长期”两字，他便可以轻轻松松地超过大部分和他同台竞争的投资客了。当你把投资心理设定为长期——永不动用——你的资金实际上就自然而然地更具有力量。很多投资的技巧对你来说不过是奇技而已——对你来说毫无价值，根本就不需要——你自然而然就避开了很多投资中的陷阱。你在一开始就已经站在了更高的水平面上，就已经打败了大部分的投资客。而且，一旦你如此开始自己的投资旅程，随着时间的流逝，你的所有知识都会更快地积累起来。你会避开那些细枝末节的毫无用处的信息，避开那些投资中九死一生的大坑，你终究将会成为一个优秀的投资人。

什么是“短期”

大多数人在投资时都会选择短期投资。他们认为投资资金只是临时的一个过渡（存储或生钱）手段而已。或长或短，最终他们会将这部分资金转出来用于各种开销上。比如，现在投了一个项目，他们脑子里想的是：倘若明年赚到了钱，那么就把车换了，买辆豪华小轿车！

我们在说一件事情的利弊的时候，一定要建立参照物。不能空泛地说某事好或者某事坏，因为世界是多维度的，不存在绝对的放之四海而皆准的答案。所有的讨论必须限定在合理的范围之内。就比如说短期心理设定不好，是相对于长期心理设定的投资资金来说的，而如果换一个维度，即使短期心理设定的投资资金也比毫无投资概念的人要好很多。所以，这里有一个讨论的合理范围。本书是致力于让所有有心的读者拥有自动收入“河流”，实现真正的财务自由，所以，我们的选项只有更好，只会选择更好。那么，相对于把投资资金用于长期投资的心理设定来说，短期投资的心理设定有哪些不足呢？要理解这一点，我们要看一下所有投资的出发点——风险和收益的平衡。

投资是一门学问，也是所有希望实现财务自由的人必须要掌握的一项技能。单纯靠工作的收入是不可能实现财务自由的。因为你只能出一天工，得一份报酬。一旦你主动或者被动地停止了工作，你的收入也就停止了。

投资中的一个基本概念是需要我们注意的，那就是风险和收益的平衡。如果不能够理解这一点，手里辛苦积攒下来的资金就处于非常危险的状态。以这种状态游走在投资领域，就如同闭着眼睛在悬崖上行走。

任何一个投资项目，比如一只股票、一只基金、一处房产甚至是私人借贷给他人等，你首先必须要清楚其中的风险具体有多大，还必须要了解可能产生的收益是多少。你要做的就是一定要让风险和收益形成平衡的关系。简单来说，就是不能出现事先就已经可以预知到的高风险、低收益这种情况，这种项目是没有投资价值的。不要认为这是人尽皆知的，事实上太多的人根本就是稀里糊涂地把自己的钱投到市场上。比如最简单的一个案例，有些理财产品最高年化收益率为6%，但是不保本。这种产品简单来说，就是收益率已经限定死了，最多只有6%，但损失的风险却不兜底，风险是无限大的。那么，什么才是最低的投资标准呢？年化收益率最少应该是6%，亏损最多也在合同里限定为6%，这样收益和风险才实现了匹配。但是，即使如此明码标价的、明确告知的收益和风险不匹配的产品，还真的就有很多人去购买。为什么呢？因为他们只关注到收益率，而不考虑风险和收益率是否匹配的问题。他们看了一下市场上的保本类型的其他金融产品，现在比较高的年化收益率也只有4%。再一看这款年化收益率6%的产品，自然也就动心了。因为在他们看来，年化收益率高了2%，都是理财产品，条款介绍的都差不多，而且推销人员虽然不明说，却在话里话外透露出“虽然不保本，但历史上没有出现过亏损”之类的含义，他们自然就动心了。参与这种投资，它的收益上限被锁定，而承担的风险却没有下限，即使自己在其中挑选得再仔细，也不可能有好的投资业绩。所以，投资里最基本的概念就是参与项目的收益和风险要相匹配。绝对不能出现已经可以预知到的高风险、低收益的投资标的。

有些人最容易犯的错误就是参与那些风险和收益不匹配的项目，也就是说，他们往往参与了高风险、低收益的项目。这样从整体上来说，从一个人不断投资的时间长度来说——常在河边走哪有不湿鞋——就极有可能遭受差的投资回报甚至是亏损。

股市投资的时间策略

在股市中，只要经济能够持续不断地增长，股票价格指数的走势就一定是随着经济发展而增长的。而且，股票价格指数的走势总体来说会比全社会的平均经济增长更高一点。因为在股票市场里，主体都是上市公司、跨国公司，它们的盈利能力更强。所以，从长期来看，股票的价格一定是往上涨的。这就是收益高于风险的体现。

美国股票市场200年来的平均年复合收益率是8%左右；50年来的平均年复合收益率超过10%。所以，我们对股票市场长期稳定增长的认知不仅是得到理论推理的支持，更得到客观的证实。中国A股开市至今，上证综指由最初的100点上涨到目前的点位，平均年复合收益率也是10%左右。

既然股票市场总体来看如此有利可图，为什么大部分散户却都在亏钱呢？看一下你周围有谁通过炒股赚到钱了吗？大部分的散户即使能够赚到一点小钱，也会因为一次股灾而把之前的收益全部“吐”出来，甚至折了本金。事实上，这点赚到的小钱很可能只是魔鬼的诱饵，让他们在以后承担更大的损失。原因在于从长期来看，股票市场确实是一路随着经济发展而不断上涨的。但是，从短期来看，股票市场的波动性非常剧烈。如果你把资金的投资时限设定为短期，那么将面临巨大的风险。比如，你的资金时限设定为两年，（实际上，即使两年的时限对于大部分人来说也太过漫长）那么，在这两年的期限之内，股价的波动是非常剧烈的，有可能从你买入时的高点跌掉60%，也就是说你在两年后的时间点如果卖出的话，将会亏损60%。这就是股票市场的剧烈波动性。如果你的时限不是两年，而是一个月，一个星期，一天，那么对于一个普通的散户投资者（实际上，应该称之为投机者），你面对的风险是无法预知的。这时，所谓的投资股市和赌博并没有什么区别。一项长期来看铁定赚钱的生意，就这样被做成了铁定亏本的买卖。

现在我们应该知道了短期的投资心理和长期的投资心理所导致的投资结果是完全不同的。只要我们能够将自己的投资期限设定为长期——永不动用。那么，我们在投资领域取得成功只是时间问题而已。更重要的是，这不仅会让我们取得投资上的成功，也会让我们养成长期去做一件事的能力。如此，我们便拥有了开凿出自己的自动收入“河流”的强大武器，从而实现真正的财务自由。

第二节

不要把你的投资当作赌博

投资是一门学问，它不是一蹴而就的。投资可以使你拥有宽广的自动收入“河流”，也可以使你一贫如洗。和其他所有工作一样，投资具有实际操作性，并不是神秘的。要做好投资当然需要一系列专业知识，但如果能够掌握投资领域内的少数几个基本的准则，便能够让你获得优秀的投资业绩，超过与自己同台竞争的98%的投资客。

相对于详细讲述一大堆云里雾里的数学公式，远没有财富领域的几个基本原则让人受用。对于投资，同样如此。少数几个基本准则就可以让你的投资业绩达到优秀的水平。当然，无可否认的是“爬山是越往上越难”。一旦你达到了这个优秀水平，而又想继续提高，就必须得付出更多的努力。总之，只要掌握这些投资的基本准则，你便可以超越98%的投资客。在此基础之上的努力才是有价值的。注意：不要把方向搞反了。

把投资、赌博混为一谈

我们之前已经介绍过了投资领域中的最重要的一个准则：长期。那么，接下来重要的是什么呢？——“投资不是赌博”。对，就是这么简单的几个字。不要把投资当作赌博。大概没有人会反对这个观点。但是，在实际的行动中，他们却时常把两者混为一谈。抱有“有钱人就是因为胆子大，赌一把就赢了”这种想法是幼稚的、有害的。如果让他们细讲投资和赌博的区别，他们便支支吾吾说不明白。大概是他们脑子里面认为这两者有区别，但真要区分出它们，也显得应对乏术。投资和赌博是完全不同的两个概念。但是，多少人把赌博当作投资呢？

一次，我和一个朋友相约吃饭。那时候，他的生意一般，他告诉我他拿了50万元出来投入了一个合伙做洗发水交易的公司。我记得他在饭桌上说的话：“好不好，就全看明年了！生意做起来的话，我明年就去换辆车。”

…………

我想：上面这种场面是很多人所熟悉的。不少人对待投资的态度就是这样。他们投了笔钱到自己认为不错的项目里，然后期盼能有一个好收成。其实，他们不知道的是，所谓投资的收益，不是在投资行为之后去祈祷而决定的，而是在投资行为发生的时候就已经确定了。你的投资收益，在你有了投资行为的时候就已经确定了。如果你觉得没有确定，那只是你自己没有了解清楚而已。就比如我们买一只股票，或者买一处房产，这笔交易的收益其实在购买的当时就已经确定了。因为你购买的价格是否便宜，以后的价格波动空间是多少，你应该都已经了解清楚了。如果你对此没有了解清楚，就稀里糊涂凭自己的感觉，一下狠心，做成了这笔交易，然后在交易之后祈祷自己能够获得超额回报，这难道不就是赌博吗？

赌场里的人都有奇迹将会降临的幻觉

赌场里的人总认为自己可以创造奇迹的，而事实上，一个长期的赌客唯一可能的结局就是输光自己所有的筹码。即使在胜负概率是50%的赌局中，一个人只要长期地玩下去，一定会输光自己的所有赌资。而在现实世界里，没有赌场愿意按照50%的概率给你提供赌博的游戏，所有赌博游戏类型的设计必须要保证赢钱概率偏向庄家一边。即使这个偏向是非常细微的，比如51%和49%，只相差1%，但长期算下来，你一定会快速地输光自己的所有赌资。按照50%的概率给你提供赌博的赌场在现实世界里是不存在的，即使按照50%这种对赌博者已经最优的概率来计算，一个人长期下去也会输光自己所有的筹码。

我在很久以前就已经认识到赌博并不可能赢钱，唯一的结果就是输钱。那时年幼，我的想法很简单：假设4个人搓麻将或者打扑克，这4个人的水平一样，你认为一个人赢钱的概率是多少呢？答案是25%。一个人输钱的概率是多少呢？答案是75%。这么明显的偏差，赌徒们怎么可能不输掉自己的赌资呢？

我们可以从某人口里听说他这次赌博赢了多少钱，但你听过他说过多少次输了多少钱了吗？很多时候这种偏差的语言表述，不仅是对他人讲的，对赌徒自己也是心理的麻醉作用。他们无意之中记住的是自己少数赢钱的时候，而主动屏蔽了自己曾经更多的输钱经历。这种选择性的记忆是人类天然的大脑保护机制。我们会记住美好的事情，而主动忘却令自己感到苦难的事件。所以，当我们回忆的时候，无论如何，以前的岁月大多都是令人愉悦的。

赌徒们醉心于赌场，更因为他们寄希望于自己的好运气。他们认为自己只要时来运转，就可以赢回之前所有的损失。赌场里的人总有那种奇迹将会降临在自己身上的幻觉。他们期待着某一次鸿运高照，一次赢得钱财。其实，即使是25%的赢钱概率，赌徒们也可以在很多时候“赢”到钱。但是，赢钱并不能够让他们占到便宜，赢钱就是典型的正强化，他们因为偶然的赢钱，而让自己更加醉心于赌博。即使再残忍的奴隶主也要给自己的奴隶一口饭吃。那些令人心动的赢钱机会，其实是魔鬼施给他们的诱饵。这就是为什么一个人如果买彩票从来不中奖，反而是他最大的运气。如果一个人因为彩票中了5万元钱，他最有可能的情况，就是在他接下去的生命里不断地购买彩票。从一生的观点来看，他从彩票上的支出将远远超过5万元钱。而且更为重要的是他的心态变了。一个寄希望于彩票中奖的人，他的心态是飘忽缥缈的，他的心态是不利于踏踏实实创造财富的。

赌博游戏本质上欺负的是那些对概率不敏感的人。每个人都想要赚钱，然而理性的人、对概率敏感的人，知道赌博并不能赚钱，还会亏钱，自然不会对赌博有任何兴趣了。

投资如同种田一样接地气

倘若我们知道了什么是赌博，就更容易辨别什么是真正的投资了。

投资靠的不是运气，投资的前提是对投资标的本身以及市场环境有清晰、准确的了解。对投资标的和市场环境两者的了解缺一不可。可是，很多人不仅从来没有对这两者进行过调查，甚至对其中之一也没有进行深入的了解过。这种对待投资的操作方法和赌博又有什么不同呢？只是冠上了“投资”的名字而已。投资从来不是靠运气。在你进行投资的那一刻，你已经对你的投资所面对的风险以及可能产生的收益有了清晰、明确的认知。而不是闭着眼睛，一下狠心，按了下手机转账按钮，钱就出去了，然后祈祷着这次“投资”

能够有收获。

投资真的没有那么玄奥。相反的，投资和其他很多有价值的项目一样，从来都是特别接地气的一项活动。严格地说，投资活动和农民种田是非常相似的：先给地松土、耕一遍田，然后选好今年的种子，播撒在田里，之后施肥、拔草。待到秋分时，成熟的麦稻就长满了田野。农民在这一连串的行为之中，从来不认为自己是在冒险。他们明确地知道，播下的种子，秋天时候，就一定能收获粮食。一亩地产多少斤粮食，虽然不可能精确到小数点后几位，但农民是有明确的预期的，而且，实际的产量也常会达到他们的预期。这就是投资。投资本身并不是很玄奥的，绝对没有普通人认为的那么难。如果一亩地只能产 1000 斤粮食，而这个农民却期望产 3000 斤，而且昼夜祈祷；或者这个农民在播种的时节，把他的稻种用力洒向天空，稻种随风散落在地上，然后他希望来年有一个好收成。这都属于是不切实际的赌博了。他这么做了之后，即使日夜祈祷，心里也不会清静，最后的结果并不会因为他的美好的期望而产生任何不同。

静待机会的出现

投资不是赌博。永远不要把投资当作赌博。当我们对一个投资标的和市场环境没有做到充分的了解，不要将资金投入进去。“睡”在银行的资金虽然会受到通货膨胀的侵蚀，但至少是有明确数目的侵蚀。稀里糊涂地投资导致的资金损失，会让自己吃不了兜着走。持币待购是所有有心投资的人需要掌握的学问。不要急于投资，要静待机会的出现。

投资是要看机会的。机会没有到来的时候，不要强行把自己的资金投到自己都不看好的领域去。一旦账户上有大量的闲置资金，人们总是考虑到通货膨胀，从而感到不安。这时候我们需要记住“持币待购”是一门学问。除非出现投资机会。否则，不应该动用自己的资金。不要指望把每一分钱都赚到，不要指望每一分钱都不闲置。很多人手里有点资金，就想着现在要瞎折腾一番。实际上，他们忘记了耐心是投资领域重要的素质。你需要静待机会的出现，等机会出现的时候，你的猎枪里需要有子弹。不要提前把你的子弹打光了。如果你期待自己的资金一刻也不闲置，期待赚到每一分钱，最可能的结果就是错过那些大的机会。因为当机会来临的时候，你会发现自己的猎枪里并没有子弹了。投资机会可不会先给你打好招呼，提醒你它什么时候到来。

我们应对投资标的和市场环境做到充分了解。当做出投资行为时，以及投资之后，我们的内心是平静的，因为我们明确知道后面的轨道是如何发展的，我们有明确的预期——就像农民种田一样。

第三节

投资：敢于行动

好的投资机会不会在市场上一直持续。当机会来临的时候，要抓住机会，果断出手。多年前，我曾经购买一套住房的经历可以给大家提供一点参考思路。

好多年前，那时的我每天都会在电脑上浏览住房的出售信息，以待合适的机会出现。投资机会不会自动出现在你的眼前，你必须要付出努力。

一天傍晚，我看到一套商品房的出售信息，售价310万元。我立即判断这是一个机会，因为市场行情的售价起底价格是400万元以上。于是，我联系了出售的中介，询问了相关具体情况。经过了解得知：卖家是一位单身离异的中年妇女，还有一个月时间，就要出国去意大利和她的儿子住到一起了，以后也就准备定居意大利了。这套住房留在国内，她也没有精力打理，于是便要把它出售了。经过我详细的调查，她最初的挂牌价格是350万元，后来调整为330万元，再后来就是我看到的价格310万元。我看到310万报价的那天，是她调整价格后的第二天。

我去这套房子的周围详细走访了一遍。虽然我对这块区域已经了如指掌，但涉及具体的房产购买，仍然需要亲自走访一遍，以了解那一带房产的精确行情，以及那片市场周围的行情。总之，一定要非常熟悉，掌握实地的真实的情况。然后，我让中介拿来了钥匙，仔细检查了一下房产本身，包括是否漏水、管道是否通畅等容易忽略的细节。

这套住房比较明显的问题就是它的装修很老旧。而且，之前处于出租的状态，我接手的时候，租客已经搬离，处于空置状态。因为长期租给租客，所以，各项设施表面上看起来损坏的比较严重。整体环境可以用“脏、乱、差”来形容。这样的住房很多人是不愿意购买的。因为它的品相不好看。对于都市白领来说，他们更喜欢购买开发商直接销售的新房、精装修的或者至少是毛坯的，甚至是期房——想象中的房子才最完美。这种房子在他们看来是纯洁的，对得起自己几百万元的付出。然而，“脏、乱、差”在我看来却恰恰是机会。被低估的价值往往存在于“问题”之中。通过我们的操作，可以让价值被释放出来，从而获得收益。

我权衡了一下收益和风险，在计算后得出结论这套房产是可以购买的。于是，我联系中介和卖家谈价格。我花了两天时间来回沟通价格，将价格谈到300万元。谈好价格的当天晚上我们便签好合同，我向房主支付了定金。整个过程非常快速，超过了中介的设想。

实际上，在我进行一系列调查和了解以致最后签合同的时候，还有3个买家对这套房感兴趣，其中的一个买家已经和这位卖家从

350 万元慢慢磨到了 310 万元。他们都认为卖家还会继续降价。他们提议卖家的出售价格是 290 万元。但是，这一切因为我 300 万元的直接购买，戛然而止。

事实上，在我进行投资标的、市场环境调查，以致后续谈价格的时候，我并不知道别的买家的报价或者其他的信息，我也不会上心思去了解这类信息。因为这和我做出此次投资决策并没有本质关系。但是，我对待投资却是一个果断的人，一旦一个项目符合投资条件，我便会立刻出手。因为能够符合条件的投资项目本身就少之又少。

当我购得了这处房产后，我便迅速地对它进行重新装修。我重新规划了空间，敲掉了两面墙以让房间显得更为宽敞，尽量使整套房子显得干净、明亮。很快，这套房子就以完全不同的面貌呈现出来了。经过了这番操作，这时候，它比原来可要抢手多了。于是，我以 470 万元的价格将它销售了出去。

好的投资机会不会一直等着你。当你做好了相关调查，就应该要果断出手。犹犹豫豫只会浪费时机。如果你是一个真正的投资者，就应该知道，符合你严苛要求的投资项目真的不多。它的出现全靠机会。也许 1 个月你能碰到 3 个项目，也可能 3 个月你只碰到 1 个项目。所以，当机会出现的时候，就需要果断地出手，得让猎枪一击命中猎物。

投资不是马后炮。等机会滑落之后，再去向他人炫耀自己曾经多么接近那些机会，是毫无意义的。畏首畏尾的人从来不能把事情做好。出现机会，敢于行动，才能够在稀有的市场环境里得到自己想要的项目。更多的人都是在面对难得到来的机会而无动于衷，而当几年之后，这个机会爆发出巨大的利润之时，又玩笑似的后悔当时自己曾经与这个机会擦肩而过。

果断行动和一下狠心是完全不在一个层次上的两种行为。果断行动的基础是理性的分析所带来的对事实的充分了解。在了解事实的基础之上，应该相信自己的判断，不能犹犹豫豫，要敢于行动。而“一下狠心”则是盲目的。它既没有对投资标的和市场环境进行充分的认识和了解，也没有经过自己理性的分析。只是大手一挥，放手一搏而已。在决定了之后，就开始祈祷能够中得大奖。一下狠心的决策，决策者本人心里是没底的。他对自己的决策也是稀里糊涂。这犹如空中楼阁，而没有坚实的地基支撑。

在一些人看起来是冒险的事，在另外一些人看起来却并没有什么风险可言。其实，市场之间的利润也正是来自于此。一个投资项目大家都认为是很好的，没有风险的，那么，它的利润肯定也是不高的。因为来的人和来的资金都太多，僧多粥少，把本来即使高的收益也给扯平了，从而也让这项尽人皆知的好的投资项目变得不能够达到你的预期要求。所以，利润的来源都是因为每个人判断的不同——而你的判断更为正确。最简单的例子就是股票市场的熊市。

股票市场，熊市低点的时候是最好的投资机会。但是，大部分散户都绝不会在这个时间点投入资金。在熊市低点的时候，有两种情况会发生：其一是媒体对股票市场的报道并不热衷，没有成天报道股票又涨了多少之类的吸引人眼球的新闻，媒体在这个时候基本处于静默期；其二是随着股市屡创新低，悲观的言论报道充斥媒体，新闻标题都是所谓的《一个散户的悲伤》《漫漫熊市，后会无期》《又一个炒股者跳楼了》之类的负面标题。

普通的散户投资者都会被整体的氛围环境所影响，因为悲观的报道或者没有任何报道，都会导致他们认为股票市场现在不值得投资。在这个时候投资股市，在他们看来是非常危险的。而且，这时候因为处于媒体对于股市报道的忽略期，所以，很多人连想也不曾想起还有股市这个领域。而事实的情况却大相径庭。

在熊市低点的时候，股票的价格是最便宜的。任何生意本质都是“低买高卖”。不在便宜的时候买入，难道要等到贵的时候再买吗？所以，少数人能够做到在这个时候投入资金入股市。而等到牛市的时候，获利丰厚。而大部分人却会在牛市最旺的时候入股市，追涨杀跌，最后亏损收场。

上面的叙述就是向大家说明：每个人眼中的风险是不同的。熊市低点的时候，少数人认为这是投资良机，机不可失、时不再来，这时的投资入股显然是极低风险的一件事。但是，大部分人却已经被股市在一段时期以内的巨大跌幅吓得浑身发抖了。在这个时候，如果你投资入股，大概会被认为是敢于冒险的人。而事实上呢，你不仅没有冒险，你也讨厌冒险。优秀的投资者都不是故意去冒险的人。他们都会做好尽职调查，了解好投资标的和市场环境的详细信息，然后做出理性的决策。降低和控制风险才是他们考虑的核心。他们的行为并不是去冒险，而是建立在降低和控制风险的基础之上。所以，当别人看你是在冒险、胆子真大的时候，你非常清楚这条路是一条康庄大道，你是踩在坚实地基之上的。你不仅不是在冒险，而且实际上比大多数人都更加稳健。

果敢是众多优良的品质之一。敢于行动更是难能可贵。世界上出现好的想法并不少见，但能够将它们转化为行动的人却少之又少。所以，那些经常说着“这有什么稀奇的，我早就想到了”之类言语的人，实在没有什么值得夸耀的。他们没有意识到和他们持同样想法的人实在是太多了。对于创造财富来讲，缺少的是真操实干，而不是一句“我也早就想到了”之类的话。敢于行动是大多数人都缺少的，但又确实是任何人都可以做到的。敢于行动的前提是对投资事物本身已经充分的了解，而果敢的决策，才能够享有回报。如果你是一个优秀的投资者，你对项目的要求一定是不低的，能够符合你投资要求的项目一定是稀少的，待到时机出现的时候，只有敢于瞄准猎物扣动扳机的人，才能够抓得住机会。

第四节

房产是不是好的投资

目前，有钱还是应该买房已经成了大众的共识。看着房价一天涨过一天，一年高过一年，没有人会怀疑买房投资有任何问题。很多人都有自己的经历或者听身边人说：年初买的房，到年末就涨了几十万元；如果年初没买，等到年末的话，就买不起了。这样一个个的案例，让每个人的心头都是痒痒的，稍有魄力的人，只要略有能力，就会想办法小房换大房，或者干脆再买一套房。

买房自住

如果买房的目的是自住，那么买房并不是一个需要讨论的选项，更谈不上错误或者正确。因为你自己有一套房自住没有任何问题。这也谈不上是你的投资。房子只是你的住宅而已，不具有金融投资属性。况且，我们已经知道了资产和负债的区别。所有能给你带来现金流的才是你的资产。自住房本身并不会给你带来现金流，而是让你的现金流流出，那么，它实际上是你的负债，而不是资产。所以，买自住房完全谈不上是投资。当房价涨了一倍，账面上自己的资产确实翻了一倍，但和你其实没什么关系。你还是该吃什么吃什么，该住哪里住哪里。如果你先前生活比较拮据，现在不可能因为住房的账面涨价而有什么改善。孩子的学费、老人的医疗保健费，都仍然需要从你的钱袋里不断支出。这些都不会因为你的自住房涨价了而发生什么变化。住房价格的波动，对于我们的自住住房来说，没有财富上的意义。

很多人辛苦工作很多年买了套住宅，而后因为房子涨价了而开心不已。实际上这不过是被蒙蔽的假象而已。早上该去踩三轮车仍然要去踩三轮车；晚上该吃大排档仍然要吃大排档。没有人会因为自己的住房涨价而实现了财务自由。很多人认为这个道理虽然正确，但自己购买的房产确实增值了，这难道不是自己的投资吗？如果这样说的话，假若房产贬值了呢，是不是就说明投资失败了呢？我们不能因为房产增值了就说是自己的投资；而当房产贬值了，就说自己买个房子只是住住而已。无论自住住房的升值还是贬值的说法，都是对自己的心理安慰而已。

买的房子就是用来住的，居住才是核心考量。

虽然自住住房是我们的负债，不是我们的资产，更谈不上是投资。但是，购买自住住房是没有任何问题的。因为这是人的刚需。一个人或贫或富，没有人不需要一间房屋来遮风避雨。不可能因为住房是负债，就跑去睡桥洞去了。拥有一间属于自己的住房是人之常情。只要人稍有能力，都会选择去购买一套属于自己的住宅。那些鼓吹着所谓“房价高，年轻人不买房很正常”论调的人，简单来说，就是“站着说话不腰疼”。

生活是有成本的，虽然住房是我们的负债，然而，人生本来就是需要担负一些负债的。生活品质也是人的幸福感来源之一。所以，为了省钱而不去购买自住房，不能说在任何时候，但是在很多时候是不合适的。为了有更多的钱用于投资，可以买小一点、偏一点的住房。但是，如果不直接购买住房，而是租房住，实际上多数时候也是得不偿失。租的房子，装修一般都不可能有什么讲究，橱柜、家具更谈不上用心置办。你还会因房东每年的涨价而搬家——每次搬家耗费的时间和精力都是巨大的。

购买一套自住住房是没有问题的。但是，不要把这个选择定义为投资。自住住房是你的负债，不是你的资产。不要因为贪恋大脑里的虚荣，而将自住住房定义为自己的资产，甚至是投资。大部分人之所以混淆这个概念，都是因为自己的虚荣心而已。因为他们盘算了一下自己的身家，并没有什么拿得出手的投资项目。唯一能算得上是大手笔的“资产”就是自己的房子了。奋斗了这么多年，却没有拿得出手的资产、投资，仍然要靠每月到期领取的工资过日子，是大部分人羞于启齿的。所以，怎么也要将自己的住房算上自己的资产或者投资才肯罢休。如果有谁反对这个观点，简直能让他们从桌子上跳起来。但是，现实世界里的财富规律不会因为某人自己的主观偏好而发生变化。它无时无刻地在发生作用，只要遵循它，就能够致富；而违背它，就只能受穷了。

时间才是关键

我们在前文已经明确地分析了为什么自住住房不属于投资范畴。所以，我们接下去把对房产投资的讨论限定在非自住住房的房产上。

房产投资指的是非自住住房的投资。现实中的房产投资种类很多，包括商品房、别墅、排屋、商业地产、写字楼等。

为什么很多普通家庭通过购买房产而能够取得自己人生中占比

很大的一笔财富？这里面最重要的一点，其实并不是因为购买的项目是房产，而是因为“时间”。

时间是一切投资的好伙伴。真正的好的投资都是具有复利效应的。

房产是含有复利效应的。大部分人最缺乏的是耐心，缺乏长期持有的观念。一项投资在获得了10%的收益就出售的情形，在大多数人中间大行其道。而房产恰恰是可以被大多数人长期持有的。大部分普通人购买了房产，一般不会去销售。除非急需用钱，一项房产被持有数十年是非常正常的一件事情。如此长期的持有，加上房产本身具有的复利效应，自然会产生不错的经济效益。反观大部分人对于其他投资品种的持有期限，都是缺乏耐心的，更谈不上是长期持有。比如，大部分人购买股票都是按照月甚至天的单位来计算，很少有人会持有某些股票几十年。如果持有时间是几十年，无论是A股，还是美股，产生的收益都会非常巨大，会远远超过绝大部分房产投资所能带来的增值。而且在时间上，股指会比房产价格更有后劲。也就是说持有时间越长，股票市场带来的收益就越能超过同样条件下投资房产所能带来的收益。所以，房产投资让少数能够勒紧裤腰带买房的人富了起来，最大的原因是他们持有的时间足够长。

还记得我们之前谈投资的第一课吗？讲的就是长期。长期才是这些人能够致富的关键。而正因为房产是大型不动产，所以，能够购买房产的普通人也不会有事没事就去买卖房产，这进一步锁定了房产的长期投资期限，让房产自己的复利效应产生作用，不断增值。

被人忽视的负债

为什么很多普通家庭通过购买房产能够获得自己人生中占比很大的一笔财富？除了重要的“时间”长度之外，另一个关键的助力便是“负债”。

绝大部分人购买房产都会采用贷款的形式。贷款的种类多种多样，常见的便是商业银行按揭贷款或者公积金贷款。对于大部分终身保守、面对投资瞻前顾后的人来说，能借出这么一大笔钱来购置一项资产，实在是破天荒了。正是因为高额负债，才让房产投资的利润更加丰厚，虽然实施者本人可能稀里糊涂地并不知情。在这里，我们来看一下下面一组对比数据便可明了。

假设甲、乙两人的自有资金分别都是100万元。他们同时购置了两套投资用途的房产。不同的是，甲采用按揭方式贷款了100万元（年利率5%），所以，甲购置了一套总价200万元的房产；乙没有使用贷款，用现金购置了一套总价100万元的房产。

经过5年的时间，房价上涨了70%。甲的房产价格上升到了340万元，相对于初始购买价格，上涨了140万元；乙的房产价格上升到了170万元，相对于初始购买价格，上涨了70万元。

甲因为按揭贷款的原因，在这5年时间里，支付了24万元左右的利息。因此，扣除这部分利息，到第5年为止，甲的盈利是115万元。乙的盈利是70万元。

从上面的对比数据，我们可以看到，同样的100万元本金，因为甲采用了贷款的方式购买，从而比乙多盈利了45万元。这就是负债对于房产投资的帮助。

很多做事情瞻前顾后、畏首畏尾的人，终生不可能在其他方面投出高额负债投资，而却在不知不觉里参与了房产的高额负债投资。虽然他们可能并不明白负债对于他们投资盈利的巨大帮助，但结果却让他们感到分外惊喜。同样的情况，我们可以看一下股票市场，倘若现在是投资的良机，在有100万元本金的基础之上，又有几个人会向银行贷款100万元，从而总共投入200万元入市呢？如果不能如此，那么，股票市场的表现至少要比房产市场的表现优秀不少，才能够赢得因为房产投资带有的负债所产生的额外盈利。另一因素在于贷款并不是想贷便可以贷的。银行对于贷款有严格的审核。没有银行愿意借给你 100 万元用于炒股。因此，因购置房产的贷款便成了大多数人一生之中唯一的大额贷款。

变现难度很大

房产是大型不动产，其变现难度很大。简而言之，也就是说，如果急需用钱而去卖房子，那么，卖房的难度很高，往往需要折价出售。所以，等到急用钱的时候去卖房子，是非常不划算的。这也就是财务稳定的重要性。你的房产出售，必须要在一个较高的条件下进行，也就是说，你不是在等着用钱的状态下出售。否则，你为了尽快出售房产，将会损失一大笔钱。

我多年前曾经同时挂出两套房产出售。前者在挂出后 3 个月出售了，后者在挂出后 1 年才出售了。价格都是按照当时的市价，并没有给买家折让。你可以看出来：虽然出售房产的时间长短不同，价格上也有些规律可循，但总体上还是具有非常大的偶然性。出售房产不像卖出股票——资金很快便会到账——而是需要很长时间。

如果你在急着用钱的时候出售房产，那真的是非常不划算的。因为你必须要折让价格，才能比较快的促成交易。即使如此，你的出售时间也是没有把握的。有可能很长时间连一个有着购买意向的客户也没有。所以，房产投资的一大重点，就是要保证财务稳定，不能出现急着用钱而去变卖房产的事情。

从另一方面来说，房产变现难度高，这一点是给房产投资减分的考量。

社会是在不断变化的。很多情况下，其变化的速度会超过我们的想象。如果当超过我们想象的剧烈的变化来临，保卫投资安全的手段，就是通过迅速调整投资产品的结构布局。而房产投资恰恰是缺乏时间上的灵活性的。立即变现，在房产投资领域是不现实的。

如果现在科学家发明了一个预测地震的仪器，而且把它单独交到你的手上。在地震发生的前一天，你知道了第二天会发生剧烈地震。可想而知，你的房产会遭受损失。那么此时，即使你已经知道了这个信息，你也不可能当天就实现把你的房产以一个合理的价格易手变现的目的。

波动性并不是不存在

所有的投资品种都具有波动性的，没有波动性的品种是不存在的。房产投资之所以让人感到安心，只是因为它的波动性并不像股票那样实时公布在交易所的屏幕上。房产价格的波动是存在的。

以美国房产为例，21 世纪初，美国房产曾经屡创新高，然后跌入低谷，而后几年又开始反弹。美国这样成熟的房地产市场，依然有如此高的波动性，那就更不要提其他国家了。

人类社会都要受到经济规律的限制，并不会因为你不承认经济规律，经济规律就不会发生作用。就像如果我们不承认有重力存在，重力仍然在影响每一个人，让我们不能飞向太空。没有人能够长期控制市场。让房子的价格永远上涨或者维持不变，都是不现实的。因为各方的力量总在寻找最利于自己利益的平衡点，因而，房产价格的波动是肯定存在的。

区域性

房地产市场虽然整体上是一个巨大的市场，但同时又是一个区域性很强的市场。

国内前十大房地产开发商销售额占全国新房销售额的比例，在 2017 年是 27.9%。美国前十大房地产开发商销售额占美国新房销售额的比例，在 2017 年是 27.4%。

由上述中、美两国的前十大房地产开发商销售额占比情况可以得出这样一个结论：在房地产开发商层面，集中度并不高。不管是中国，还是美国，前十大房地产商当年的销售额，不超过全国当年新房销售额的三成。房地产开发整体上仍然是一个不能够一家独大的市场。

再如国内的房地产，上海的房产市场和杭州的房产市场就有很大不同。杭州的房产市场又和本省的义乌市的房产市场又有很大不同。熟悉上海市场的人，不一定了解杭州市场。熟悉杭州市场的人，也不一定了解义乌市的市场。

即使单独一个城市的房产市场，本身也具有很强的不透明性。没有人会立即知道有谁在哪个位置挂了一处待出售的房产出来。绝大部分的交易信息都需要通过中介来发布。

房地产市场这种区域性、不透明性也给散户创造了机会。因为只要通过劳动，就能挖掘出有盈利可能的价值洼地。而相对更加透明、更多机构直接竞争的股市，找到价值洼地，实行中、短期买卖，是非常困难的。

复利效应

房产是具有复利效应的投资品种之一。普通人之所以能够通过自己的房产获得超过他们预期的收益，正是由于长期持有而带来的复利效应。

人们购买的房产价值每年往上涨一点，持续几十年，累积起来也是非常巨大的一个数字。因为这个上涨是“复利”的。

我们按照初始购买金额是 100 万元，每年房价上涨 5% 计算。第二年房价涨到 105 万元，第三年房价涨到 110.25 万元。

对于房产来说，每年上涨 5% 是一个不高的数字。因为这个数字和通货膨胀的比例不相上下。但是，即使如此，到第三十年的时候，房产的价格也上涨到了 432 万元。而如果我们把上涨的幅度由 5% 调整到 7%，仅仅是两个百分点的差距，那么，第三十年的时候，房产的价格上涨到了761万元。如果我们把上涨幅度调整到10%，那么，第三十年的时候，房产的价格将会上涨到1745万元。大家不要认为10%对于房价上涨来讲是多么惊人的一个数字。在过去的几十年里，中国的很多地方的房价上涨幅度都达到或大大超过了这个数字。而且，不仅仅是在一些一线城市，即使是在东南沿海的小县城里，只要购买得当，一些位置的房产升值幅度也达到甚至超过了这个数字。所以，我们就可以知道为什么大部分人感叹房产能够致富，因为他们稀里糊涂地钻进了长期的复利投资里面。

想要拥有自己的自动收入“河流”的人应该如何做

相对而言，不买房、省下的钱也不会动脑筋去做投资的人，绝对应该买房。这样虽然需要支付利息给银行，但长久一段时间下来，至少也能攒下一大笔钱。虽然这笔钱减去银行的利息，可能相对于其他投资是不划算的。但是总体上说，至少是攒了一大笔钱下来了。既然这些人不会把省下的钱用于长期投资也不买房的话，这些人也会把钱用到各种连他们自己都不清楚的消费里，比如买更好的车、更贵的包包等。毕竟房贷也是现实中的压力，对于没有自制力的人，支付点利息给银行，让银行盯着你存钱，也不失为一个有利的选择。

对于想要拥有自己的自动收入“河流”、实现真正财务自由的人来说，我们已经知道了房产投资里的种种特点。那么，根据我们自己的资金情况，来具体安排相应的投资行为，就更加有把握了。根据我们自己资金能动用的金额大小、时间长短，适当地选择是否投资房产；如果投资，选择什么房产；投资多长时间。

以上我们所有的讨论都是建立在非自住住房之上的。因为我们已经分析过，自住住房并不属于投资，也不是资产，而是属于负债。如果你有心拥有自己的自动收入“河流”，对于自住住房的购买应该选择金额偏小一点的。这样，你就可以有更多的资金投入到开凿自己的自动收入“河流”中去。并且，不要频繁地更换你的自住住房，你的自住住房要尽可能地长久使用，这样可以避免你的时间、精力、资金损耗在仔细选址、重新装修等上面。

人的幸福感很多时候来自内心的从容，房屋的大小并没有很多人认为的那么重要。当你拥有了自动收入“河流”，实现了即使不工作也有源源不断的收益进入你的银行账户的人生目标。这时候，你自然会体会到比拥有大房子本身更加幸福、更加自由的感受。

第五节

为人所不知的股票

股票市场是当今世界最大的公开投资场所，也是最大的公开募集资金的场所。它的阵容庞大，并且增长迅速。虽然如此，大部分人对股票市场仍然怀有不少的误解。大部分人对股票市场的认识，通常分为两个极端：一种观点认为股市是可以一夜暴富的场所，以炒股为业；另一种观点认为股票是很不靠谱的投资，避之唯恐不及。事实上，持有这两种看法都对创造复利增长自己的财富无益。对股票市场以及股票本身的正确认识将会帮助我们更快、更好地开凿自己的自动收入“河流”。

什么是股票

股票是股份公司发行的所有权凭证，是股份公司为筹集资金而发行给股东作为持股凭证，每一股股票都代表股东对企业拥有一个基本单位的所有权。

股东可以在股票市场上公开买卖所持股票获得差价，也可以凭借所持股票而得到公司派发的股息。因为每一股股票都代表了对一家公司的一个基本单位的所有权，所以，这家公司未来发展的好坏，会反映到股票价格的波动上面。简单来说，你购买了一份股票，就拥有了这家公司的一个基本单位的所有权。比如这家公司总共股本为5万股，如果你持有了一份股票，那么你就持有这家公司的股份了。很显然，你已经是股东了——即使占比很小的股东——这家公司未来发展的好坏和你是密切相关的。因为无论好坏，都会反映在股票价格的波动上面。当然，价格并不等于价值。我们付出的是价格，得到的是价值。

股市高风险

股票市场，在大部分人看来，是价格波动剧烈的一个场所。虽然很多人并不炒股，但是，“炒股”两个字在他们心中的含义和“赌博”也没什么区别。影视剧里关于股票的情节也大都如此。对于股票经纪人的刻画，要么是将股价玩弄于股掌之间，要么是随着突如其来利好或利空而上演剧情大反转。这些影视作品都是拍给大众茶余饭后消遣看的，谁愿意一直盯着平淡无奇的屏幕两个小时呢？如果把它们跌宕起伏的剧情当作真实世界的指导，那就南辕北辙了。

股票价格的“随机漫步理论”出现至今已经有数十年的历史了。随机漫步理论认为股票价格的波动是随机的，就如同一个在广场上散步的人一样，价格的下一步将走向哪里是没有规律的。股票市场中，价格的走向受到多方面因素的影响。一件不起眼的小事也可能对市场产生巨大的影响。从长时间的价格走势图上也可以看出，价格的向上或向下的波动机会差不多是均等的。随机漫步理论的影响很大，也构成了后来一系列股票理论的开路先锋。这么多年来的先后研究和求证，确实印证了随机漫步理论的正确性。那么，既然都“随机漫步”了，股市和赌博又有什么区别呢？答案是：长期。

短期来看，股票市场的波动性确实很大。全世界的股市波动系数都不低。但将时间拉长，我们就更能穿过短期印象的迷雾。将时间拉得越长，那些上下波动的曲线就越是不显著，直到随着时间的拉长，整条股票价格指数曲线竟然和复利曲线一模一样地展开，如图 4–1 所示。

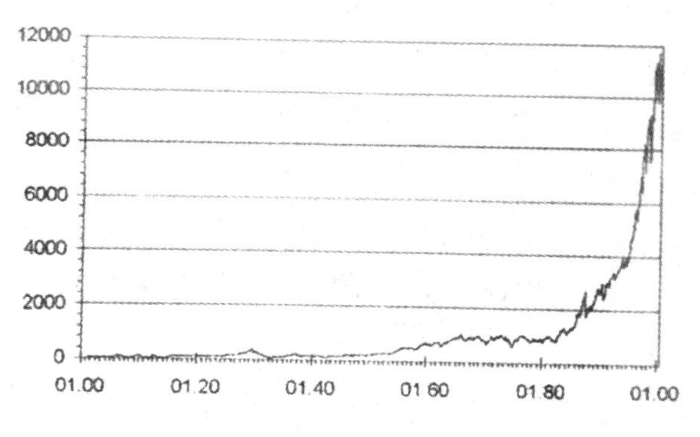

图 4–1　道琼斯指数（1900–2000 年）

美国股票市场 200 年来的平均年复合收益率是 8%，50 年来的平均年复合收益率是 10% 左右。中国的股票市场历史不太长，但从上证综指公布至今也有几十年的历史了，上证综指的平均年复合增长率也是 10% 左右。

当我们眼睛盯在短期的时候，看到的就只有无序且随机的上下波动；而当我们拉长时间，就能看到了向上复利增长的曲线。而且随着拉的时间维度越长，这条曲线就越平滑，也就是说波动性减弱了。

因此，投资股票长期来看显然是有利可图的。

首先，它给我们提供了复利增长的通道。而且，它的回报率（长期实现8%~10%年平均复合增长率）显然是很高的。再者，相对于社会上其他的投资项目，股票市场存在至今已经几百年的历史了，非常成熟。还有一点非常重要，就是投资股市的门槛很低，几乎每个人都可以进入。这不像房地产市场，动辄几十万元、几百万元的门槛。对于几乎所有人来说，就可以明确得出结论了：短期投资股票的风险非常大，但长期投资股票的风险非常低且收益很高。巴菲特显然非常明白这个道理，他讲过很多类似的话，其中很著名的一句：“如果你不准备持有一只股票10年时间，那么连10分钟都不要持有它。”为什么连10分钟就不要持有呢？因为股票短期波动性很高，而且没法预测。股神不准备拿自己的身家性命放在短期的股票波动上赌一把。反观大部分人对股票的态度，要么是妄图几夜就暴富，要么就是避之唯恐不及。这都不是对股票市场的正确理解。他们也因此丢失掉了很多看不见的机会。

为什么在一个随机漫步的市场里，不能够去短期操作呢？难道如果运气好，赚一把不行吗？原因在于在随机漫步的市场里进行短期操作无异于赌博。

关于赌博的俗语有很多，比如“赌博赌博，越赌越薄”“十赌九输，久赌必输”“输钱皆因赢钱起”等。民间百姓之所以对赌博能够有这些认识，并不是空穴来风。这是长久以来对周边赌徒的观察所得出的结论。这些俗语都反映出了赌徒只有赔钱的命。虽然普通人可能并不知道，也没去研究过赌博背后的博弈论原理、数学原理。但是，这些数千年以来长久的事实观察，已经有足够的说服力了。当某人混迹赌场不能自拔时，周边大部分人都自发地认为这个人已经堕入深渊。

关于赌博的明确结论可以在数学上被严格证明：只要一个赌徒

的资金量是有限的（这符合现实生活中每个人的资金量都是有限的。可能拥有 1 万元，也可能拥有 100 万元，总之不会是无限的），只要他持续地赌，那么，他一定会输光自己所有的钱。为什么会这样呢？其实，道理即使不用数学公式也能够讲明白。即使你的胜负率能够达到 50%（也就是一半对一半，比如抛硬币，这已经是赌博中赌徒能拥有的最高胜率，现实生活中的赌场不可能设置如此高的胜负率），只要你不断地赌，那么就会因为一时运气欠佳（在数学上这是概率问题，而不是运气问题，只要不断地赌，就肯定会发生）而连续几次全部押错了宝。这时你就身无分文了。

所有赌徒都知道停在赌桌上的重要性，因为一旦被赶下赌桌，那就再也没有"翻身"的机会了。和你对赌的赌场，相对于势单力薄的你却拥有无限的资本足以一直停留在赌桌上。这就是赌博败家的根源。任何赌徒都不能逃脱这个规律。何况在现实的世界里，没有赌场会陪你玩 50% 胜负率的对赌。即使微小的偏差 1% 的胜率对赌，也会让一个赌徒快速地丢掉自己的资本。对于财大气粗（这些钱正是从这些赌徒手里赚来的）的赌场来说，雇得起全世界顶尖的计算机学家、概率学家、心理学家，进行最优化的赌博设计，从而在每台赌博机器上实现一个平衡点。在这个平衡点上，你能够感觉到最大化的赢钱概率（注意：仅仅是"感觉"，而不是"事实"），同时又能让你赔掉最多的钱。这些挖空心思设计出来的赌博规则和机器，让赌徒们欲罢不能，不断赔钱。

当我们知道了赌博为什么注定失败之后，就明确地知道了为什么短期投资股票也将是注定失败的。因为短期股票的涨跌属于随机漫步，而在一个随机漫步的市场里进行投机，就是赌博。

股票投资确实是一项高风险的活动，但仅仅止步于短期投资（严格来说，是"投机"，或者干脆名之为"赌博"）。当把时间拉长，股票却是世界上极少有的能够保持高增长率的安全性资产。

高增长率

当我们谈到10%的增长率时，很多人都会嗤之以鼻，认为这回报简直太低了。我们需要的应该是100%、200%甚至300%的回报。

首先，我们环顾一下周围是否存在着这样高回报的投资项目？如果有，你敢不敢投？显然，高回报往往意味着高风险。大家都不敢投，你敢投，如果万一成功了，获得的收益也是翻倍的。但是，这样的项目不可能轻易地被你碰到。而且，当这种项目出现的时候，你手里必须得有足够的现金。再说了，常在河边走哪有不湿鞋，即使20年的时间里被你蒙中了几次，只需一次失手，可能就会令你损失掉之前总共获得的全部收益。

而10%年均复合增长率是什么概念呢？当持续20年的时间，本金就能够翻到将近7倍（也就是700%）多。现在你还认为10%是一个低速增长的概念吗？在20年里，又有多少人能够抓住机会实现一次性的200%甚至300%的回报投资呢？就算运气特别好，真的就实现了，可是接下去的路又要怎么走呢？仍然坚持投机下去吗？所以，将主体资金稳稳当当地用于投资，比东一榔头、西一棒子地投机要赚钱。这和常人的观念是不同的。大多数人一听到“翻倍、再翻倍”就觉得这投资简直赚翻了。很多人热衷于快速投机。其实在这一点上，一线城市的房子是很好的说明。一些人在多年前购买了一套北京、上海或深圳的房子，当时花了100万元。但是，很多“聪明”的人认为这样做太傻了，他们认为投机来钱比这快得多。于是，他们把同样的100万元投到各种投机市场里，可能刚开始赚了100万元，后来亏了80万元，后来又赚了90万元……总之，来来回回的折腾。反观那些“老实巴交”的人，这些年也不操这份闲心，该干什么干什么，房价却涨了十几倍，当时的100万元现在翻成了1000万元。看到这个结果，不知那些“聪明”人有什么感想？因为希望快速致富，所以参与快速投机，而结果往往和财富没一点关系，反而丢掉了本金和时间。

公司是社会利润的产出器

为什么股票市场能够长久地保持旺盛的生命力呢？其实答案很容易理解。因为股票市场是由上市公司组成的，而公司是社会利润的产出器。

这个世界最赚钱的就是公司。因为所谓财富本身就是从公司产生出来的。公司通过一系列的策划、生产、运作从而产生利润。正因为这个原因，股票市场才能够长久地保持旺盛的生命力。

为什么所有的贵金属投资从长期来看一定是亏本的呢？原因就在于贵金属并没有深度地参与进人类社会创造财富的过程。所以，长期（100 年、200 年）来看，贵金属连通货膨胀都“跑”不过。比如黄金，除了用于制作首饰之外，其工业用途占比非常小，已经脱离了人类创造财富的主轴。人类新近财富的创造和这些贵金属的联系已经很小了。所以，把现金换成黄金，把黄金遗留子孙是不明智的。

民国时候用黄金、白银买的一处苏州房产，现如今已经远不止同样斤两黄金、白银的价格。原因就在于房产为人们提供了遮风避雨、经营赚钱的实体空间，房产参与了社会财富的创造。所以，房产就能够值钱。

哪一种产品更加充分地参与了社会财富的创造，哪种产品就越发值钱。为什么有些城市的房产更加值钱？为什么一个城市里有些地段的房产更加值钱？因为这些房产比其他城市的房产，比同一城市的其他地段的房产，更深入地参与了社会财富的创造。

公司是创造社会财富的主力军。小到一个棉花棒、一颗纽扣、一个茶杯，大到一幢房子、一架飞机、一艘航空母舰；虚的包括策划设计，实的包括钢筋水泥。这些无一不是经过公司生产出来。而公司里最优秀的群体，几乎全部集中在上市公司之列。上市公司是集创造人类财富之桂冠的一个存在。懂得了这个真相和逻辑，我们就一定要让自己和上市公司绑在一起。只要自己和上市公司绑在一起，长期来看，我们的财富就一定能够超过社会的平均增长率。

标普500指数

如果我们退后一步看股票市场，可以发现股票市场并不是一个铁板一块的统一体，而是由各色各样的公司组成的。这些公司规模迥异、业务千差万别。有些公司在某一段时期内的成长率非常高；有些公司在某一段时间的成长率就没什么可圈可点的地方；有些公司还会破产倒闭。

以道琼斯工业指数为例。道琼斯工业指数是世界最早的股票指数。最初它由12只成分股构成。它首次在1896年5月26日公布，象征着美国工业中最重要的12种股票的平均数（当然，目前道琼斯指数已经不仅仅局限在工业领域）。如今，在这12种成分股中，只有爱迪生创建的通用电气（GE）仍然留在指数中。其余11家的名称和结局如下所述。

美国棉花油制造公司，Bestfoods的前身，现为联合利华的一部分。

美国糖类公司，现为Amstar Holdings。

美国烟草公司，在1911年因违反反托拉斯法被迫拆分。

芝加哥燃气公司，在1897年被Peoples Gas Light & Coke Co.收购（现为人民能源公司）。

Distilling & Cattle Feeding Company，现为Millennium Chemicals。

Laclede Gas Light Company，仍以The Laclede Group之名运作。

National Lead Company，现为NL Industries。

北美公司，在20世纪40年代破产。

田纳西煤、铁与铁路公司，在1907年被美国钢铁收购。

美国皮草公司，于1952年解散。

美国橡胶公司，于1967年改名为Uniroyal，1990年被米其林收购。

上面这些曾经叱咤风云、强大无比的公司几乎都衰落了。12只强大的成分股，保留至今的只有通用电气一家而已。

在市场的激烈竞争中，一些公司蓬勃向前，一些公司踟蹰不前；一些公司如雨后春笋崭露头角；一些公司却只留下轰然倒塌的背影。江山代有才人出，各领风骚数百年。新经济淘汰了老经济，因为新经济比老经济更能赚钱。

虽然个体的公司会有兴衰，但道琼斯指数却一路奔腾向前，屡创新高。

股指的这种特点，就是股票指数的优势，也是投资者可以投资的股指基金的优势。

股指代表了市场平均水平。如果我们认为自己选择单一股票的能力高于市场平均水平，那么，投资几只股票对我们来讲会有更多盈利的。这让我们能够超过市场的平均盈利水平。为什么我们不这么做呢？先不罔论我们是否有这样一个挑选能力，单单只是说我们是否有充分的时间来研究单一的公司和股市呢？这并不是说每天晚饭后花上几个小时的空闲时间就可以了。股市从来都是扁平的。和我们同台竞争的并不是隔壁的邻居或者公司里认识的小汪，而是华尔街最专业的投资集团，他们可是靠这个吃饭的。一家公司有几千人，每个人都是全职工作者。所以，从单纯时间相加的概念上讲，他们工作一天，相当于我们单个个人工作几年的时间。这还不算上他们在信息、科技上拥有的优势所产生的对时间叠加赋能效应。从这一点上，我们就可以明白，作为一个普通的个人投资者，我们已经和专业的靠金融吃饭的投资集团所拉开的巨大差距。但是，有一点你可能并不知道。这么多专业的投资集团所提供的产品，能够长期跑赢市场平均水平的数量，事实上极为稀少。

华尔街专业管理的 2/3 的基金一年内的回报不如标普 500 指数，80% 的基金三年的回报不如这个指数，而能连续 3 年的回报超过标普 500 指数的，更是少得可怜。

华尔街股神级的人物——比尔·米勒所管理的基金——莱格·曼森的价值信托基金，是世界上唯一一个连续 15 年（1991–2005）回报超过标普 500 指数的基金，这个纪录至今没有人能打破。

对绝大部分人来说，最简单最高效的投资标的，就是标普 500 指数基金。我们需要将主体资金布局在标普 500 指数基金上。

巴菲特通过挑选个股获得了极大的成功，但是他不止一次提到过标普 500 指数基金的优点，甚至表示自己去世后，大部分的遗产将会安排放在一只费率很低的标普 500 指数基金内（比如他多次提到的先锋 500 指数基金）。

单个的公司有兴衰，如果我们通过选择个股进行投资，即使能够在当时获得超额收益，还需要考虑到当你判断一家公司已经没有增长前景了，就需要花时间挑选下一家有更大增长潜力的公司来接棒。而在这来来回回的折腾中，不仅考验一个人的经验、心态和技术水平，更消耗大量的时间和精力。假使我们通过耗费如此大量的时间和精力能够将自己的收益从长期来看提高一至两个百分点，其实也是不值得的。因为假若我们节约下来了这些时间和精力，就可以用在其他赚钱的地方，通过赚来的“本金”直接投入不用操心的标普 500 指数基金，从总体上看，能够带来更大的收益。

在投资领域里面，我们要考虑到“长期”两个字。所有的收益都要放在长期的维度里面进行衡量。而这一点是很多人没有考虑到的。很多炒股的人热衷于炒卖股票的原因就在于陷于短期交易的快感不能自拔。偶尔一两次隔一个礼拜就涨 30% 的收益能让他们放在心里惦记好久，而更多的平淡和亏损却被他们的记忆主动地屏蔽掉。

他们的脑海里有一种自我安全保护机制，只记住那些激动人心几天就赚 30% 收益的时刻。

事实上，当把时间拉长，这些短期交易带来的零星收益就被时间给抹平了。同样的 1 万元收益，一年赚 1 万元，和 10 年赚 1 万元的概念是完全不同的。前者的收益率如果是 10%，后者就只有 1% 而已了。所以，我们在说收益率的时候，会经常提到长期收益率是多少。比如通过一年的时间通过一笔交易能够获得 10% 的收益，但接下去这笔资金必须要尽快投入到新的能带来利润的项目里面。否则，这部分资金闲置一年，原来项目的 10% 收益实际上就变成了 5% 的收益，而到了第三年就变成了 3.3% 的收益率了。这显然是非常低。所以，偶尔的一两次高收益只是“高收益错觉”而已。我们必须要把收益放在总体的时间段内来考虑。正是因为“高收益错觉”的存在，才让更多的人迷恋短期交易的快感，而忽视真正让你赚钱的标的。

人们都喜欢战胜他人的感觉，都期待超过市场平均的水平。选择标普 500 指数基金，无异于是说在股票市场上不抱有这种超越平均的希望了，这种“感觉”是真正让人讨厌的。事实上，无论我们选择哪只股票，从长期来看，能够跑赢市场平均水平的几乎没有。市场总是存在的，而且总是滚滚向前的。与其把时间和精力浪费在选股上，不如把这部分宝贵资源用在其他赚钱的项目上。再把赚来的钱，作为本金继续投入到标普 500 指数基金里。

挑选一只标普 500 指数基金

挑选一只标普 500 指数基金，实际上并不费力。因为我们的原则特别简单，就是费率越低越好。理论上，当然还有一个原则，就是跟踪指数的契合度更好。但是，在现实世界里，特别冷门的小基金即使契合度再完美，我们也不会选择它。大的基金跟踪指数的契合度都是相差无几的。所以，这一条可以简化为在几家规模较大的基金中选择。

先锋公司的标普500指数基金可以说是不二之选。它也是多次被巴菲特提到的一家标普500指数基金。它是现在世界上规模最大的单个基金。为什么选择费率要越低越好呢？因为对于长期复利投资来说，即使微小的耗费比例，也会在长时间复利积累下出现巨大的价值区别。所以，我们对费率是很敏感的、很介意的。事实上，其他主动管理型基金之所以几乎都没有被动管理的指数基金表现收益高，其中一个重要因素就是因为主动型管理基金的管理费率要远远高于后者。打个比方，前者需要2%的费率，而后者仅有0.04%的费率。那么，费率上就相差50倍。不要小看2%的费率。这2%是直接从投资者的本金中扣除的。我想：已经知道复利的你，一定知道每年的2%折损是多么大损失。要想让投资者达到市场平均水平的收益，那么，他们就要比市场平均收益还要高2%。而这自然是相当困难的。所以，金融业是很赚钱的，但是不代表金融业会让我们这些投资者也能赚钱。看看那些华尔街交易员开的跑车、住的豪宅，你就知道那些钱实际上来自于我们这些投资者的口袋。

什么时间购买

任何投资都会涉及什么时候入场的问题。入场的时间直接决定了我们能获得多大的收益。显然，最划算的买卖当然是在最低点入场。但是，这里涉及以下两个问题。

第一，你是否知道什么时候就是最低点了？事实上，在任何时间点上看，股价都有可能向上，也有可能向下。而后来之所以看起来完美无误的走势图，不过是马后炮式的自我脑补而已。大部分炒股的人都是入场在最高点，而离场在最低点。永远损失最大，而不是收益更大。在事实上，这就是一堵高墙。

第二，你是否有足够的资金在低点来临的时候一次性投入巨资？如果你不能做到，只有很小的一部分现金在手里，即使你明知道这就是一个十年不遇的低点，就算你把资金全部投入进去，事实上也不会对你总体的投资收益产生多大的区别。原因很简单，大部分的中产阶级没有快速调动巨资的能力和魄力，他们所谓的投资只能是不断地从每月的收入中划一部分钱当本金。即使他们当月抓住了这个低点机会投入了当月能够投入的所有现金，因为以后他们仍然会继续投资，所以也会拉平整体的投资收益。

中产阶级的劳动收入通常都是比较稳定的，每个月都会有工薪入账；或者生意赚来的钱入账。对于中产阶级来说，事实上也是对于绝大部分人来说，最简单最高效的入场方式，就是每月定期投资。每月定期投资可以保证你的投资能达到市场的平均收益率。

无论股价上涨还是下跌，无论涨幅或者跌幅是多么的巨大，我们都应该在每月规定的时间投入等值金额的本金。

定投的好处是让你的投资能达到市场平均收益率。而且，定投策略决定了你可以持续性地进行每月的投入。一旦你工资到手或者每月收益赚到的钱到手，就可以有本金执行定投策略。这在时间上、金额上都是和你的财务状况相匹配的好选择。

股票具有很强的世界性

股票市场和很多市场不同，股票市场的规模足够庞大，而且透明度非常高。股票市场具有明显的世界性、均衡性、大众研究性。股票市场是一个大众化的市场。在股票市场内，既有动辄百亿元、千亿元的巨大户，也有几千元、几万元的小散户。他们面对的市场都是统一的、相同的。

我们看一下其他的市场，比如房地产市场，它和股票市场就有非常大的不同。房地产市场的规模也很庞大，但是房地产市场是一个高度区域化、地域化的市场。中国的房产市场和美国的房产市场有很大不同。京、沪的房产市场和二线城市的房产市场有很大不同。即使二线城市之间，每个城市的房产市场又有很大的不同。具体来说，同一个城市，不同地段的房产市场也有很大的不同。所以，一个房产投资者如果不对一个城市做到充分了解，而贸然依据之前生活几十年的城市想当然地进行投资，是不可能取得好的收益的。股票市场完全不具备这个特征。国家间的股票市场都是密切相关的。股票市场的走势实际上在发达国家之间（因为发达国家通常不设资本管制，资金可以自由流动）越来越具有相关性。在发达国家之间，很难出现一个国家股票行情大幅下跌的时候，而另外一个国家的股票行情是大幅上涨的情形。

以前，信奉“不把鸡蛋放在一个篮子里”的执行者会把资金分布在各个国家的股票市场，比如分布在纽约、伦敦、法兰克福。但是，最近这种做法已经被大大地削弱。因为全球股票市场呈现出越来越高的联动性。各个国家的股票市场之间涨跌往往都是同步进行的。

股票市场是一个公开的扁平市场，游戏规则是通行的。这完全不同于房地产市场。在房地产市场，一个城市的估值方法，换到另外一个城市就需要大加修订。

破除迷雾

关于如何炒股的书和培训课市面上已经有很多了。比如教我们如何识别K线图，如何根据消息判断买卖时机，如何根据行业政策判断买卖时间，如何根据个股成交量判断买卖时机等。总之，如果你买了这些书或者花钱报了这些补习班，你会觉得似乎还真有那么些意思，但如果你真按照这些方法去操作，十有八九你会亏个底儿掉。可是，这些书、这些课程却充斥在市场上，因为它们非常符合那些梦想致富却又不明财富就里人的心理预期。那些讲得神神秘秘、高深莫测、稀里糊涂的理论，没有一个能经得起实践的检验，何况它们往往都是向着亏本的方向去发展。

关于创富方面，我们首先应该做的就是破除迷雾。那些妄图贪懒走近道，试图一夜暴富的人，最终都会被证明是事与愿违。我们常听到“弯道超车”的说法，事实上超车主要集中在直道上。超车靠的是车本身的性能和车手的驾驶技术，而不是“弯道”。弯道超车，最有可能的情况就是直接翻车。这和我们自己做事情也是一脉相承的，提升自己，破除迷雾，采用正确的态度面对创造财富的选择，才能够最大限度地创造财富。市场上那些倡导“弯道超车”的公司，大部分连产生利润都是问题。任何事情从短时期来看都是在渐变的，那些实现超越的人都是稳扎稳打的，只是当时间维度拉长之后，人们才会发现：“咦？这小子咋就发财了！”其实在之前很长的一段时期内，他们都在进行着一个渐变的过程。

对于普通人而言，正道就是将主体资金布局在标普 500 指数基金上，并且坚持采用每月定投的形式。这种方式最简单且最高效，节省下来的时间，就用在其他赚钱的地方上，然后，把赚来的本金再继续投入购买标普 500 指数基金。时间一长，你会比那些花大把大把的时间辛辛苦苦研究各种貌似高深的股市动态的人远远多出一大截的财富。

第六节

“美丽”的泡沫

几乎每一个小孩子都玩过吹泡泡的游戏。一瓶小小的泡泡液体，就能够吹出一连串的大泡泡。这些大泡泡在太阳光的照射下折射出斑斓色彩。迎着微风的吹拂，如珠串的多彩泡泡在空中悠然浮动。

当回想起幼时吹泡泡的经历时，我们总能想到“阳光”“斑斓的色彩”“和风拂面”这些令人愉悦的词汇。

“泡泡”不仅是幼儿的游戏，成年人对其的疯狂迷恋丝毫不亚于孩童，甚至有过之而无不及。

“泡沫”正是投资领域中无法摆脱的存在。它的历史几乎和交易的历史一样悠久。泡沫随时盯着市场里的每个领域，人类情绪的波动是它最得力的帮手。泡沫的巅峰正在于它不可避免的破灭。虽然在破灭之时，它会拉着一大群人以及一大群人的财富和它一起幻灭，但在它破灭之前，几乎所有人都希望它能够永恒地存在下去。在泡沫不断膨胀的时候，大众的疯狂始终伴随着它，他们手舞足蹈地欢腾着，祈祷一切都可以照旧膨胀下去，这种惊人的幻觉自始至终缠绕在他们的心头，以致使他们丧失了最为基本的判断能力。纵然每一个泡沫都逃不过破灭的宿命，大众的精神和财产也随着泡沫的崩破而飞灰湮灭了。但是，人们似乎很容易将其忘却。于是，泡沫们经常会抓住人群中略有的骚动卷土重来，而人们必将再次兴奋而起，重走老路。但是，总是有那么一群人，能够摆脱泡沫的诱惑，洞悉危险的来临，从而避免踏出致命的一步。他们能够避免深陷泡沫的投资领域，或者于无法避免的广泛性泡沫投资中，在暴风雨快要到来的最后时刻，悄悄地逃离了那场注定要到来的幻觉破灭。他们之所以能够做到这一点，并不取决于他们是社会中的中产阶级或富裕阶层，抑或是他们有什么内幕消息能够为己所用。事实上，以历史上的历次泡沫的经验来看，社会中各阶层都曾被卷入过，甚至那些中产阶级或富裕阶层或自认为接近内幕消息者被卷入得更深。他们能够做到这一点，在于他们对泡沫历史的认识足够深入。

接下来，我选择了极为著名的 3 桩泡沫事件介绍给大家。认清这 3 桩著名的泡沫事件，对于我们甄别身边大大小小的泡沫具有很强的实用指导性。

密西西比泡沫

密西西比泡沫爆发在法国，故事的主人公叫约翰·劳。当时，因为路易十四的穷奢极欲，法兰西财政信用已经伤痕累累，信用体系已经糟糕到了极点。急于扭转局面的统治阶层在采用了一系列的措施之后，发现财政信用并未有所好转，反而急转直下到了快要崩溃的边缘。

劳对这场金融乱局，向摄政王提出了自己的意见。他建议允许他建立一家银行，让这家银行拥有一项特权：发行纸币。摄政王同意了此举。

没过多久，因为劳的通用银行发行的货币，法国的信用体系逐渐开始恢复正常。

不久，劳建议摄政王设立一家拥有一项独占性特权的公司：它可以和美国的密西西比河流域的人们进行贸易。于是，人们猜想：那个遥远的国度出产黄金。

1717 年 8 月，法国政府颁布了授权书后，这家公司开始运营，并且公开发行股票。所有国民都陷入了癫狂的投机热潮。通用银行不断从摄政王那里取得新的特权：烟草的垄断销售权，提炼黄金和白银的专有权……最终通用银行更名为法兰西皇家银行！

劳在自己能够掌控银行业务的时候，深知稳健原则的重要性，他发行的钞票从不曾超过自己的铸币准备。但是，当通用银行由一家私人银行变成公共金融机构时，在摄政王的干涉下，银行制造了数十倍于自己铸币准备的纸币。

劳为了解决纸币问题，便开始着手打造密西西比计划。

1719 年初，一项法令极大地扩大了密西西比公司的专有特权，劳顺势发行了新股集资。公众对于密西西比的股票趋之若鹜。股价有时候数小时内就上涨了一两倍。众多生活拮据的人清晨起床还一贫如洗，而到晚上睡觉的时候就已经腰缠万贯了。所有人都期待密西西比公司的股票能够不断加速上涨。越来越大的幻觉随着大众迫切的渴望而持续升温。在这片假象之下，摄政王错误地认为：“倘若 5 亿纸币可以带来如此大的好处，那么，再印制 5 亿纸币必定会带来更多的好处。”

1720年初，第一声警报发出。由于求得密西西比股票而不能得，德·孔蒂王子对劳怀恨在心，于是声称需要一笔巨款，且必须用铸币加以支付——数额之大，需要3辆马车才能装下。

劳向摄政王诉苦：如果因此造成挤兑，那么，后果不堪设想。摄政王于是勒令德·孔蒂王子把提取的2/3的铸币重新存回银行。

没多久，人们发现，有人因为不信任银行而开始学习德·孔蒂。以资金量交易巨大而著名的波登和拉·理查蒂尔私下里悄悄地将自己的纸币伪装成若干份，然后兑换成铸币，并且每次的金额都非常小，从而神不知、鬼不觉地完成了纸币兑换铸币的过程。之后，他们将这些铸币悄悄地送到了国外。

随着兑换的人数越来越多，劳承受的压力也越来越大。为了解决此问题，一系列越来越严厉、越来越蛮横无理的政策相继推出：让铸币相对于纸币贬值5%，让铸币相对于纸币贬值10%，对兑换的总额加以限制。

虽然劳等人想尽办法对铸币进行控制，但国内的贵金属还是源源不断地流往英国和荷兰。那些留在国内的铸币因为数量稀少，而被人们小心翼翼地藏了起来。铸币短缺的情况变得越发严重，以至于贸易无法继续顺利进行。

1720年2月，一项令人发指的法令颁布：禁止任何人拥有超过500里弗（20英镑）的铸币，违者将处以高额罚款，并将所发现的全部铸币充公。该法令还禁止人们购买珠宝、贵金属，并且鼓励人们揭发违反该法令的人士；同时，告密者可以获得所发现财物的一半。因为如此闻所未闻的暴政，很多正直、诚实的人也被宣布为罪犯。仆人们也纷纷背叛、出卖自己的主人。

密西西比公司的股票快速下跌，人们不再相信密西西比的财富神话。

劳和摄政王为了重建公众对密西西比公司的信心，进行了最后一次努力：宣称密西西比产量丰富的金矿急需工人，组织城中的贫苦百姓前去做工。

就这样，一天又一天，这些人扛着叉子和铲子在街道上游行，由海港出发，前往密西西比。虽然这个计划是如此愚蠢，然而，密西西比公司的股票价格却因为这一小小的闹剧得以略有上升。许多极易受骗上当的人相信法兰西人不久就可以看到金锭和银锭了。

摄政王进一步要求：任何支付都要通过纸币进行。这一蛮横要求事与愿违，人们对那些不能兑换成贵金属的纸币无法产生丝毫信心。原本，摄政王打算让铸币贬值，出他意料的是：随着每一次新出炉的、企图将铸币消灭掉的政策的颁布，反而让铸币身价倍增。

虽然密西西比公司的股价持续下降，但更多的股东们期待着终有一日股价能再次涨回来。不久，一项法令给了这些侥幸之徒重重一击：法国政府将密西西比公司拥有的经营造币厂、掌管国内税收以及其他任何优势与特权均予以剥夺，使之降格为一家纯粹的私人公司。

紧接着，另一项法令颁布：责令密西西比公司列出股东的名单。禁止股东卖出密西西比公司的股票。并且，那些持有股票数量少于自己名义下持有的股票数量的股东，必须要以每股13500里弗的价格向公司购回其股票，可股票的市价仅仅只是每股500里弗。该项法令下达后，股东们不是选择坐以待毙，而是带着能带走的全部财产奔向国外。随即，这道命令下发到了港口和边境当局，要求缉拿每个试图出境的旅行者，查明他们是否随身携带贵金属或珠宝，调查他们是否和股票交易案件有关联。能够逃出的人太少了。那些被抓回来的人，有的被判处了死刑；而那些留下来的人，则被提起诉讼。

到此为止，密西西比泡沫算是彻底破灭了。伴随着它破灭的，还有法国社会各阶层的财产，乃至生命。

南海泡沫

1689年到1714年之间，英国政府因打仗欠了巨额的债务，便找到南海公司，大量发行股票，换成钞票。

当时的英国，好像全部国民都会成为股票投机者。人们将交易所巷口挤得水泄不通，伦敦的金融中心附近交通被堵塞到无法通过的程度。南海公司的管理者们通过各种方法哄抬股价。接连发行的新股被各阶层的人们抢购一空。与此同时，受到南海公司的启发，无数的泡沫公司在全英国应运而生。

每个夜晚，都有人将新的计划炮制出来。然后，在清晨将众多的新项目隆重地推荐给世人。每一项看上去都是那么前景辉煌、前途无量。这些数不尽的骗局变换花样、层出不穷。不过，这并不意味着投机者们都相信他们认购的公司所提出的计划的可行性。对他们而言，所购买股票的价格如果能够快速上涨，然后他们能够如愿抛出股票，接盘侠们就成了这些谎言所伤害的可怜虫。

1720年6月，英王宣读了一份公告，宣布所有这些非法的项目都应被检举和起诉，而且，禁止任何经纪人买卖这些公司的任何股份。虽然这份公告已经昭告天下，心怀侥幸的投机者们还是继续着自己的交易。那些上当受骗的人被情势所逼，依然做着推波助澜的事。

1720年7月，上诉法院发布命令取消所有对专利权和特许状的请求，并且宣布解散所有的泡沫公司。命令之后附了一长溜儿清单，罗列了所有这些被取缔的公司。

虽然英国政府对泡沫公司严加取缔和限制，新的泡沫仍然不断涌现。但是，头脑清醒的人已经开始认识到这中间的巨大风险而开始撤离资金。这逐渐引起了风潮。市场上的悲观气氛开始弥漫开来，人们发现表现强势的南海公司并没有什么能够支撑其业绩的实际利润来源。于是，南海公司的股票开始暴跌。最终，南海公司在暴风雨般的强烈风潮中一命呜呼了。

郁金香泡沫

郁金香一词来源于土耳其。这种花卉在16世纪中叶传到了西欧，受到了富人们狂热地追捧。阿姆斯特丹的富人们派人直接前去君士坦丁堡一掷千金地抢购球茎，出手之大方闻所未闻。郁金香的声望始终处于持续高涨、逐年提高的状况。没过多久，中产阶级也开始对这种神奇的植物如痴如狂。

在哈利姆，一位商人远近闻名。原因在于他用自己一半的家产购置了一个小小的郁金香球茎，而且得到后根本不准备转手获利，而是将它收藏于自己的温室中，以拥有它为荣。

随着郁金香狂潮的持续升温，郁金香交易也开始如火如荼地在荷兰的街头巷尾开展起来。

1634年，荷兰举国上下都被郁金香投机的风潮席卷着。就连社会最底层的黎民百姓也都兴高采烈地从事郁金香交易。

1636年，人们对郁金香的需求越来越大，以至于在阿姆斯特丹的股票交易所以及全国的其他城市里，都相继建立起了专门从事郁金香买卖的正规市场。

股票投机商们向来对新的投机机会保持着高度敏感。他们充分利用驾轻就熟的各种投机手段，开始大量交易郁金香，让郁金香的价格波澜壮阔地起伏不停。开始的时候,如同任何一次泡沫狂潮一样，所有人都从郁金香的交易中尝到了甜头。人们的腰包鼓起来了，许多人在一夜之间成了暴发户。人们的头顶上仿佛高悬着一个金灿灿的钩子，它那无可抗拒的魅力牵引着人们不断地加大投入。

所有人都认为郁金香的高价会永远保持下去，而财富也会从世界各地源源不断地流入荷兰。人们争抢着将自己的房屋和土地卖掉，而将现金用来购买更多的郁金香以获得更高的利润。因而，当时荷兰的房地产的价格跌得惨不忍睹。

一连几个月，所有人均可以轻松地成为富人的一员。然而，那些相对更为谨慎、小心的人们开始担心这种狂热的情况不会永远地持续下去。于是，有些人将买来的郁金香高价卖掉，而非种在自家的花园里。

当悲观的氛围开始占据上风，越来越多的人开始抛售手中的郁金香时，郁金香的价格便跌了下去，而且再也涨不起来了。已经签订好购买郁金香协议的人开始反悔违约。那些仍然手持郁金香球茎的人将它们的存货拿出来换钱，结果无人问津。也有少数人在狂潮之中悄无声息地将财富隐匿起来。更多的人陷入了再无机会的境地。他们借助于郁金香投机而发财致富，摆脱了从前的苦难生活，然后，泡沫的破灭让他们重新回到从前的境地，乃至更为阴暗与愁苦的地步。众多原先的富人也因此沦落到了近乎乞讨为生的境况。很多贵族只好眼睁睁看着自己祖传的家产毁于一旦，却找不到任何可以弥补的办法。

郁金香的狂潮让荷兰的商业遭受了非常严重的打击，直至很多年之后才得以逐渐恢复。无数的荷兰人因此倾家荡产。虽然因为荷兰人的喜爱，郁金香在荷兰的价格一直高于其他国家，但再也无法恢复郁金香投机时期那个疯狂的泡沫价格的高度了。

拥有文字的好处之一便是可以记录历史。当我们明析历史上的一次又一次的泡沫，我们难道还会对身边的泡沫熟视无睹，并且任由这些泡沫卷走自己的钱财吗？当这些泡沫出现的时候，会有很多人被伤害。但是，我们自己被伤害的可能性会大幅度降低。原因就在于这些被伤害的人也许仅仅经历了一两次泡沫，而我们通过阅读了解到的泡沫已经不胜枚举了，这些能让我们的损失降到最低。

泡沫之所以名为泡沫，正在于它破灭之后的一地鸡毛。如果泡沫能够维持不破的神话，便不会被命名为泡沫了。然而，在每一个泡沫诞生之初、膨胀之时，大部分人却会认为它们将会永远地膨胀下去，他们会被巨大的金币、银币引诱着不断投入更多的本钱。直到泡沫破灭之时，方才知道这一切不过是一场噬人的梦魇而已。难得的是，总有少数人能够清醒地认识到泡沫的可怕獠牙。这些人显然对于泡沫的历史有着更深入的了解，并且知道再美的泡沫也有弹指破灭的一天。

每一个意图开凿出属于自己的自动收入“河流”的人，都需要对泡沫有深刻的了解，并且对泡沫有足够大的警惕。我们的基石一定是建立在坚实地基之上。

第五章 行动前的号角

本章导读

第一节
现在真的太迟了吗

多年之前，我曾经和一个朋友同乘一辆车。那个朋友当时在一家公司上班。虽然已经过去了很多年，但路灯照进车里，情景就仿佛在昨天。

“想买房。”他说。

“哦，不错啊。看好哪个楼盘了吗？”我说。

“楼盘倒是随时可以看，就是现在没钱啊。”他说。

“没钱就开始存钱呗。攒个首付出来，不用几年就可以了。到时即便市中心的房子买不起，可以先买一处偏一点的小房子。年轻人也无所谓，先买套房子住住再说。以后要是有钱了，再换也行。”我说。

“哎！就是没钱啊。有钱就好了。”他说。

“没钱就存钱啊。你一个月工资也不算低。你现在每个月存多少钱？”我说。

“哪里存得下来钱？根本存不下来！”他说。

“你再仔细想想，是真存不下来吗？你住宿、吃饭都是在公司，家里又不需要你汇钱回去。怎么可能存不下来钱？”我说。

“哎！”他叹了口气。

“你每个月一定要存钱。不管多少，每个月一定要有存款。再困难的时候，也要每个月拿出你自己收入的10%存下来。从现在就要开始了。”我说。

“对啊，这真是个好办法！真的需要这么操作。”他提高了声音说。

“可是太晚了。”顿了一下之后，他说。

…………

希望得到果实，却不愿为之付出

当人们听到一些自己认为受用的思维方法的时候，一些人的反应不是现在就做出改变，而是感叹“早知道就好了”“现在太晚了，来不及了”。其实，即使早几年告诉他们，他们的反应也是一样的。原因在于他们根本没有想过要做出真正的改变。他们所谓的“可是太晚了”的实际含义是什么呢？实际含义是希望以前的自己就开始了这样的行动。但是，请注意：他们可不想因为这样的行动改变自己的生活方式，从而让自己感到不适。所以，他们仅仅希望的是以前就开始了，但实际上以前并没有开始。所以，他们记忆里的以前仍然是“舒坦”的。如果他们以前就开始了的话，现在就会因为改变自己而享受到成功的果实了。因为他们以前并没有开始，所以，他们也并没有去受那份苦。所以，简单来说，这里的重点是：他们自己并不想受那份苦，却想得到那份果实。比如上文案例中我的那位朋友，他的“可是太晚了”是什么含义呢？应该是：要是以前开始了就好了，我现在就有足够的钱付首付了。但是，问题的关键是他以前花钱也花爽快了，这个体验他已经得到过了。这就好比吃饱了饭，感叹当时如果少吃点就好了，现在就不会这么胖了。可是，当你吃东西的时候可不会这么想，吃的时候要吃爽快。

感叹太晚了，无异于希望之前没有受苦，现在却要得到成果。虽然这一点连感叹者本人都没有意识到，但产生的消极作用却是需要感叹者本人自己承受的。

朝闻道，夕死可矣

任何时候行动都不算晚，这是浅显而易见的道理。当你知道了一个好道理，现在就付诸实施，这就是“最早”的时候。孔子说“朝闻道，夕死可矣”，这才是什么时候都不算晚的典型心态！那些随时行动的人，永远都是“起早”者；而感叹现在晚了的人，真的就成了摸黑的人了。

没有什么时候是已经晚了的时候，现在开始就是最早的时候。更为重要的是，当知道一个自己认为正确的道理，而只会感叹太晚了，是一种消极的表现。财富永远只喜欢积极的人，财富极为讨厌消极的人。财富会向积极的人汇聚，而消极人所拥有的财富会逐渐消散——即使当下他因为偶然巧合获得了一大笔财富。

没有什么时候是太迟的时候。李嘉诚在91岁高龄做演讲的时候，还在强调自己每天晚上都在阅读关于人工智能的书。为什么会读人工智能的书，他强调是因为这关乎未来科技的发展。一个91岁高龄的人，仍然在关心未来科技的发展，为自己的事业规划未来之路，设身处地想一下，应该没有几个人认为自己能够做得到。如果没有这份令人钦佩的心态，即使一个普通的富翁在91岁的时候也没必要考虑未来了——自己的钱财足够应付自己余生所有的花销了——还考虑未来干什么呢？细心思考一下，这是多么令人赞叹的精神。正是因为坚持什么时候都不算迟，这些积极的人才能汇聚令人叹为观止的财富。

人与人之间的差异很大，某些人认为只需要在意现在活得好的时候，另外一些人却在考虑未来。最终，那些考虑未来的人因为自己的积极努力，从而让自己活得更好。常言说“人无远虑，必有近忧”，讲的就是这个道理。之所以认为现在已经太迟了，并不是现在真的迟了，还是在于自己内心里的消极情绪占了上风。

积极的人像太阳，照到哪里哪里亮；消极的人像月亮，初一和十五不一样。同样的半杯水，消极的人会感慨：“哎！只剩下了半杯水。”积极的人会感叹：“哈！还有半杯水。”面对同样的事件，不同人会有不同的看法。但是，人群总体上都会呈现出两极分化，一极是消极的；一极是积极的。之所以我们会认为有的人（面对同样的事件）说的特别有道理，往往并不是认真思考之后得出的结果，通常只是我们直觉上的偏好而已，而这个偏好正说明了我们是哪类人——积极或消极。

主观上积极

感叹已经太迟了的人，无异是已经放弃了自己进步的人。当你听到一个自己赞成的道理，不是想到“哇，这太棒了，我要开始按照这个道理做”，以求使进步自己；而是感叹自己知道得太迟了，言下之意不就是放弃了使进步自己的愿望了吗？潜意识里的认知才是最可怕的。潜意识里，你认为自己是个穷人，那你真有可能成为一个彻彻底底的穷人。不要让你的消极思维圈定了你的财富上限。

进步是人生永恒的主题。任何人、任何阶段、任何时候都不要忘记提升自己、完善自己。

使自己进步不是虚无缥缈的，不是在嘴巴上说说就可以了。一切的改变都源自于自己的内心。破除你的消极思想，建立你的积极观念。感叹已经太迟了和使进步自己的要求完全背道而驰。希望拥有自己的自动收入“河流”、实现真正财务自由的你，必须要破除自己潜意识里的消极意识——那对创造自己的财富没有半点好处。如果不加提防，消极的意识会装扮成各种各样貌似合情合理的借口出现在我们的周围和我们的大脑里。它们总是不辞辛劳地提醒我们这也不行、那也不行，似乎我们这辈子就要完了似的。不少人在年少时都心怀梦想，随着岁月的流逝，他们的梦被现实磨平了。行动本身很重要，但正确方向上的行动才更有价值。他们只是之前没有在正确的方向上行动而已。如果他们人到中年明白了哪个方向才是正确的，现在开始行动还完全来得及！

只要能够立即开始行动，没有什么时候是太晚了的时候。

人生是长跑

虽然生命是短暂的。但是，每个人走完自己的旅程，相对来说，都是漫长的。人生是长跑，不是百米冲刺。更好的知识、更好的道理总是不断地涌现。知识可不会专门在我们青年时代集中爆发，而后在我们成年之后却停滞不前了。我们不能因为现在已经不是少年，就放弃进步了。在人生的任何时间点上，进步永远是最核心的主题。

那些感叹自己知道得太迟了的人，实际上不了解的是：还有更多的道理他们不懂得。知道了，又怎么样呢？这也不是道理的全部。没有人能够一次性了解自己穷究一生才知晓的所有道理。原因不仅在于知识总量的限制，更在于后面智慧的获得更是建立在先前经历的基础之上。在进步的世界里，只有更好，没有最好。人类文明的进程本身也是如此。追求真理本来就是人类的使命。无论何时获得了更好的新知识，都总比浑浑噩噩地继续生活强很多。而且，我们也应知道：总会有更好的新知识、新智慧出现；并且，我们应该努力追求之。

永远不要感叹“好是好，只是现在知道的太迟了”。当你在如此感叹的时候，另外一些人已经早早踏上新的征程了。一旦如此感叹，并不是时间上的迟，而是感叹者本身已经没有了建立财富的希望。追求进步的人，只关注如何让自己变得更好。没有什么时间是晚了的时候，现在开始就是最早的时候。孔子的那句“朝闻道，夕死可矣”可以作为我们所有追求进步者的注解。

第二节

看，否定意见者来了

这个世界上最不缺乏的一种产品大概就是“否定意见”了，它在人群中的泛滥程度用“大行其道”来说也毫不过分。

当你试图去做任何有意义的事的时候，只要你把这个设想分享给他人，我敢打赌，你得到的绝不会是热乎乎的鼓励，而是各种花里胡哨的“否定”。

当你看了本书，并且准备开始积累起自己的第一桶金，朝着自己梦想的小目标前进的时候，我建议你把这一切藏在心底，而不是四处播撒通告。将自己努力策划的行动方向当作秘密放在心底，大概是最好的办法。没有必要向他人分享你即将要开始进步了的好消息。相反，如果我们忍不住这么做，最可能得到的反馈就是消极地带着冰碴的冷水——这很可能会削弱你的热情。

比如，当你看了本书，觉得应该要大展宏图的时候，而此时你又告诉了他人你准备开始行动的“好”消息。你大概会得到如下的回复：“这没什么用！”“你太幼稚了，你不可能因此富有！”“有钱人才会有机会！”尤其是当对方是你素来尊敬之人的时候，这种回复对积极态度的杀伤力更是巨大。设想一下，这些回复是你钦佩的老师说的，这些回复是你敬仰的偶像说的，这些回复是你熟悉的亲人说的……这时候，你的决心还能如此坚定吗？不要认为这些你所敬仰的人就能比他人更能积极地对待你的想法。这种想法是病，得改。事实是，你只有获得了某种成就，才能够取得他们的认可，而不是在你一事无成的时候遵循他们的意见。

对于这些积极进取的理念、想法以及计划和行动，我们都需要把它们放在自己的心底。自己坚定地朝着立下的小目标前进就行了，不需要向四周的人“广而告之”。

知乎上有一个很好的解答模板，可以反映人的此种心态：恋人或者配偶之间出了问题，他们的一方前来知乎上询问应该怎么做才好，比如“我的男朋友对我不好，我该和他分手吗”之类的问题。虽然我们的主流思想都是劝和不劝分，但知乎上大部分的答案却是劝分不劝和。这些回答者在还没有搞清楚状况之前，就急着发表那些似是而非的答案。可以设想一下，如果事情真的发生在他们身上，他们还会如此果决吗？

“否定”是人们压抑在自己内心深处的一种隐藏动力，它总是不自觉地冒出来。

“否定”的缘起

为什么人们会不自觉地发表“否定意见”呢？最大原因就是这

种行为相当于明白无误地告诉他人："我在进步，而你正在退步！"没有人喜欢被人数落的感觉！更为重要的是，你的这种宣言性的广而告之，实际上目前仅仅是语言上的表述而已，眼下并没有什么真的成就呈现。这可不就是占别人便宜了吗？如果你现在已经成就了某事，那倒罢了，而单纯迫不及待地把尚未实现的事说出来，这可就完全等同于占他人便宜了。

有趣的是，即使你把最好的方案告诉他人，他们也不太可能开始行动。大多数人更偏爱于抱怨自己的贫穷状态，而不是着手解决这个问题，他们宁可现在无所事事地玩游戏或者看电视。

有一点执行力的人，都会严格保守自己的秘密。人们其实很讨厌被人教育、被人数落、被人逼迫去反思人生，抑或是被别人说自己做得不够好，而你的全新宣言无异于正在做着这些事情。

如果你四处告诉别人自己正在做的事情，周围的人就可能心生嫉妒，并且竭尽全力地向你泼洒带冰碴的凉水。你选择了新的人生方向，而在你看来他们仍然停留在原地，你这等于是在向他们道别啊。你用行动的方式告诉他们：过去的自己、过去的生活方式已经不够好了，我要去追求全新的目标。那些仍然停留在原地的人当然不会高兴。保持低调，不要声张，这对于你来说不费吹灰之力。

人们的嫉妒心是所有希望获得财富的人需要留意的。大部分积极进取的人，本身的嫉妒心是很弱的，因为他们相信自己足够强，相信自己能够取得很好的成就，而他们往往忽略的就是人们普遍有的嫉妒心。保持低调是最好的策略。对于富有的人来说，贫穷而又不思进取对他们的敌视是不可小觑的。贫穷的人往往认为自己生不逢时、时运不济，如果自己也有一个机会，早就兴旺发达了，他们认为自己缺少的仅仅是运气而已。那些靠着"好运气"而拥有财富的人，在他们看来，实在是不配拥有那么多的财富。很多时候，贫穷而又不思进取的人甚至会认为自己的贫穷是因为这些富有者造成的，正是这些富有者把自己的财富剥夺走了。

我们所能取得的利润，无关于我们的客户强弱，而仅仅取决于我们竞争对手的强弱。如果所有人都做一样的事情，你施展拳脚的空间就会大大缩小。当你高调地向四周的人宣布你的模式时，不仅是在招来“否定”，而且可能会缩减你的利润。你应继续学习、实践我们书中所讲述的内容。当我在写这本书的时候，我考虑的仅仅是正在阅读本书文字的你。

人们最关心的往往只是自己而已。其他人对于你正在做什么，你接下来想做出哪些改变，其实远远没有你想的那么关心和在意。如果他们问你过得好不好，你简简单单地回答一句“不错”就可以了，用不着长篇大论地费力解释自己正在做什么。我们希望达成的目标，我们努力去实现就可以了。低调、谦虚，留一些秘密给自己是好事，这会让我们感到温暖和快乐。

古人常说：“木秀于林，风必摧之；堆出于岸，流必湍之；行高于人，众必非之。”保持低调，静悄悄地进步，是最好的生存发展策略。

鼓励是一种稀缺资源

“否定意见者”从来不是稀缺资源，当我们知道了这个道理之后，我们就要避免成为这样的人。我们要成为一个善于鼓励他人的人。道理特别简单，“鼓励”正是一种稀缺的资源。稀缺的资源才是有价值的。当我们成为一个善于鼓励他人的人，自然也就成了更有价值的人。价格确实有波动，但总会围绕在价值周边。随着我们的价值上升，我们所能拥有的财富自然是水涨船高。

行文至此，本书也即将结束了。文字可以暂时告别，但进步却永远在征途。如何更加高效地合法、合理获取财富、保有财富并实现财务自由，永远是你、我、他（她）——我们追寻的答案。亲爱的读者，当你合上本书，开始思考这个问题的时候，你的财务自由之路才刚刚开始。